北京理工大学"双一流"建设精品出版工程

Experiments of Chemical Engineering Principles

化工原理实验

邓文生　刘文芳　李弥异　谭璟　彭炯　王烨 ◎ 编著

北京理工大学出版社
BEIJING INSTITUTE OF TECHNOLOGY PRESS

图书在版编目（CIP）数据

化工原理实验 / 邓文生等编著. – – 北京：北京理工大学出版社，2022.1

ISBN 978-7-5763-0898-3

Ⅰ．①化… Ⅱ．①邓… Ⅲ．①化工原理-实验-高等学校-教材 Ⅳ．①TQ02-33

中国版本图书馆 CIP 数据核字（2022）第 015455 号

出版发行 / 北京理工大学出版社有限责任公司

社　　址 / 北京市海淀区中关村南大街 5 号

邮　　编 / 100081

电　　话 / （010）68914775（总编室）

　　　　　（010）82562903（教材售后服务热线）

　　　　　（010）68944723（其他图书服务热线）

网　　址 / http：//www.bitpress.com.cn

经　　销 / 全国各地新华书店

印　　刷 / 保定市中画美凯印刷有限公司

开　　本 / 787 毫米×1092 毫米　1/16

印　　张 / 6.25　　　　　　　　　　　　责任编辑 / 封　雪

字　　数 / 125 千字　　　　　　　　　　文案编辑 / 封　雪

版　　次 / 2022 年 1 月第 1 版　2022 年 1 月第 1 次印刷　　责任校对 / 周瑞红

定　　价 / 36.00 元　　　　　　　　　　责任印制 / 李志强

前　言

本书是根据化工原理实验教学大纲及现有实验设备和操作流程编写的，可作为普通高等院校化学工程与工艺、能源化学工程、制药工程、生物工程、环境工程、过程装备与控制工程、应用化学和化学等专业化工原理实验课程的教材及参考用书。

本书将"工程教育专业认证"和"卓越工程师教育培养计划"的指标体系作为切入点，以此来编排化工原理实验教学的内容，通过制定全面、切实可行的实验前预习、实验中操作和实验后总结等若干环节的要求，培养学生实验操作能力、工程分析能力、实验设计能力和数据总结能力。

本书分为五部分：化工原理实验的教学目的和基本要求，实验数据的测量、误差及处理，化工原理演示实验、化工原理验证实验和附录。演示实验包括机械能转化演示实验、雷诺演示实验、流体流线演示实验。验证实验包括流体流动阻力测定实验、离心泵特性曲线测定实验、恒压过滤常数测定实验、空气-水蒸气套管换热实验、填料塔吸收传质系数测定实验、筛板式精馏塔实验、干燥特性曲线测定实验。

本书由邓文生主编，北京理工大学化工原理实验课程组的全体老师参与了讨论和编写。其中第1章由邓文生执笔，第2章由刘文芳执笔，第3章由邓文生、刘文芳、李弥异共同执笔，第4章由邓文生、刘文芳、李弥异、谭璟、彭炯、王烨共同执笔，附录由邓文生、刘文芳、李弥异共同执笔。

本书的编写工作还得到了北京理工大学化工原理课程组其他老师的帮助与支持，在此表示诚挚的谢意。本书在编写过程中参考了许多同类教材和专著，为免繁冗，除列出必要的参考书目外，国内出版的同类教材一般不再列出，在此一并表示感谢。在成书过程中，还得到了北京理工大学教务处的专题立项资金资助，特此致谢。

本书得以出版，是大家共同努力的结果。由于编者学识和经验有限，编写时间仓促，书中难免有欠妥之处，期待广大读者和同行批评指正，使本书日臻完善。

编　者
2021 年 9 月

目　　录

第 1 章

化工原理实验的教学目的和基本要求

1.1　化工原理实验的教学目的

化工原理实验是在化工原理课程基础上开设的实践与训练类型课程,是化工、能源、制药、环境、生物工程、应用化学等专业教学计划中必不可少的内容。化工原理实验的研究内容和研究方法与化学、物理等基础学科有显著不同,具有明显的工程特点,注重对学生工程实践能力的全面培养。学习化工原理实验,深入理解化工设备、化工原理和研究方法,树立科学的工程观念,是学生从理论学习到工程应用的一个重要实践过程。因此化工原理实验教学的主要目的如下:

(1)在化工理论与实践相结合的过程中,验证化工单元操作的基本理论,强化学生对化工原理理论教学知识的理解和掌握。

(2)熟悉化工过程及其设备的原理、结构和性能,掌握其基本流程、操作方法;正确地选择设备和设计流程的能力;正确地选择和使用工程测试仪表的能力;培养学生分析和解决工程实践问题的能力。

(3)培养学生对化工实验现象敏锐的观察能力、正确获取实验数据的能力,根据实验现象和实验数据,运用所学知识分析、归纳实验信息的能力,从而具备从事科学研究的初步能力。

(4)培养学生对实验数据进行正确整理、分析和总结的能力,尤其是能够运用计算机软件处理实验数据的能力,能够用适当图表、简明文字组织实验报告的能力。

(5)培养学生合理地设计实验、规划实验的能力,独立思考的能力,工程创新的能力。

(6)培养学生实事求是的科学态度、严肃认真的工作态度和团结协作的工作作风。

1.2　化工原理实验的基本要求

实验开始前

(1)认真预习实验的相关内容,正确理解实验的目的、原理和要求。

(2)详细了解实验测量仪表的使用方法、实验设备的结构和实验流程。

(3)熟悉并制定实验操作步骤、数据测量和记录方案,准备好记录实验数据的表格。

(4)评估实验的预期结果,可能出现的故障和解决办法,做到心中有数,为安全、成功地完成实验做好充分准备。

(5)规划好测量范围、测量点数目、测量点的疏密等。

(6)实验小组成员应该根据分工的不同,明确各自任务,以便实验过程中协同工作。

实验过程中

(1)设备启动前,必须先进行检查,调整设备处于启动状态,然后再进行通电、通水或送入蒸汽等启动操作。

(2)操作是动手动脑的重要过程,一定要严格按操作规程进行,实验操作要平稳、认真、细心。务必集中精神进行操作,认真细致地进行观察,积极深入地进行思考。

(3)实事求是地记录仪器、仪表上显示的数据、实验中观察到的现象,实验数据记录应仔细认真、整齐清楚,记错的数字应划掉,避免涂改的方法,容易造成误读或看不清。对于反常的现象,尽可能找出原因以便解决或给出合理的解释。实验中有异常现象时,应及时向指导教师报告。

(4)记录实验数据应是直接读取的原始数据,不是经过计算后再记录,例如 U 型压差计两端的液柱高度差,应分别读取并记录,不应仅记录液柱的差值。要注意保存原始数据,以便检查核对。

(5)对于稳定的操作过程,当改变操作条件后,需要等待达到新的稳定状态,才可以读取数据;对于连续的不稳定操作,要在实验前充分熟悉方法并规划好记录的位置或时刻等。

(6)根据测量仪表的精度,正确读取有效数字,注意培养自己严谨的科学作风,养成良好的习惯。

(7)实验结束,整理好原始数据,将实验设备、仪器和仪表等恢复原状,注意切断水电气,清扫卫生,经指导教师允许后方可离开实验室。

实验结束后

(1)实验完成后,应严肃认真地做好实验工作的总结(编写实验报告)。

(2)实验报告是对实验工作的全面总结,是一份技术文件,不仅是学生进行实践训练的重要组成部分,更是进行化工原理实验成绩评定的重要依据。

(3)实验报告必须写得简明、数据完整、结论明确,书写工整、行文通顺,有讨论、有分析,得出的公式或图线有明确的使用条件,实验报告的格式见附录 5,实验报告的实例见附录 6。

(4)报告应在指定时间交给指导老师批阅。

1.3　化工原理实验室的安全

化工原理实验是一门实践性很强的专业基础课程,每一个实验相当于一个小型单元生产流程,电器、仪表和机械传动设备等组合为一体。学生们初进化工原理实验室进行实验,为保证人身安全、仪器设备的正常使用等,还应了解实验室的防火、用电、防爆和防毒等安全知识。

1. 化工实验注意事项

(1)实验前要认真检查实验装置。熟悉装置的原理和结构；掌握连接方法与操作步骤；分清量程范围，掌握正确的读数方法。

(2)设备启动前要先检查。泵、风机、压缩机、电机等转动设备，用手使其运转，从感觉及声音上判断有无异常；确定设备上阀门的开、关状态；确保安全措施，如防护罩、绝缘垫、隔热层等是否到位。

(3)操作过程中要注意分工配合，严守自己的岗位，精心操作。关心和注意实验的进行，随时观察仪表指示值的变动，保证操作过程在稳定的条件下进行。产生不合规律的现象时要及时观察研究，分析原因，不要轻易错过。

(4)操作过程中，如设备及仪表发生问题应立即停车，报告指导老师，不得自行处理。

(5)实验结束时应先将有关的热源、水源、气源、仪表的阀门关闭，再切断电机电源。

(6)化工实验要特别注意安全。实验前要搞清楚总水闸、电闸、气源阀门的位置和灭火器材的安放地点。

2. 化工实验安全知识

为了确保设备和人身安全，实验者必须具有最基本的安全知识，因为事故经常是由无知和粗心造成的。

1)化学药品和气体

在化工原理实验中所接触的化学药品虽不如化学实验多，但在使用化学药品之前一定要了解该药品的性能，如毒性、腐蚀性、易燃性和易爆性等。

在化工原理实验中，精馏实验用到的试剂占了绝大部分，对于这类易燃、易爆、易挥发的化学药品，要注意实验室的通风，实验操作时，需戴上手套和口罩。

2)高压钢瓶的使用

在化工原理实验中，另一类需要引起特别注意的物品就是装在高压钢瓶内的各种高压气体。化工原理实验中所用的高压气体有两大类，一类是具有刺激性气味的气体，如吸收实验中的氨、二氧化硫等，这类气体的泄漏一般容易被发觉；另一类是无色无味，但有毒或易燃、易爆的气体，如常作为色谱载气的氢气，室温下在空气中的爆炸范围为 $4\%\sim75.2\%$（体积分数）。因此使用有毒或易燃、易爆气体时，系统一定要严密不漏气，尾气要导出室外，并注意室内通风。

高压钢瓶(又称气瓶)是一种贮存各种压缩气体或液化气体的高压容器。钢瓶的容积一般为 $40\sim60$ L，最高工作压力为 15 MPa，最低的也在 0.6 MPa 以上。瓶内压力很高，贮存的气体可能有毒或易燃、易爆，故使用气瓶时一定要掌握气瓶的构造特点和安全知识，以确保安全。

气瓶主要由筒体和瓶阀构成，其他附件还有保护瓶阀的安全帽，开启瓶阀的手轮，使运输过程避免震动的橡胶圈。另外，在使用时瓶阀出口还要连接减压阀和压力表。

标准高压气瓶是按国家标准制造的，并经有关部门严格检验方可使用。各种气瓶使用过程中，还必须经有关部门进行水压试验。经过检验合格的气瓶，在瓶肩上应用钢印打上下列信息:制造厂家、制造日期、气瓶型号和编号、气瓶质量、气瓶容积、工作压力、水压试验压力、水压试验日期和下次试验日期。

各类钢瓶的表面都应涂上一定颜色的油漆,其目的不仅是防锈,主要是能从颜色上迅速辨别钢瓶中所贮存气体的种类,以免混淆。如氧气瓶为浅蓝色,氢气瓶为暗绿色,氮气、压缩空气、二氧化碳、二氧化硫等钢瓶为黑色,氦气瓶为棕色,氨气瓶为黄色,氯气瓶为草绿色,乙炔瓶为白色。

为了确保安全,在使用钢瓶时,一定要注意以下几点:

(1)当气瓶受到明火或阳光等热辐射作用时,气体因受热而膨胀,使瓶内压力增大,当压力超过工作压力时,就有可能发生爆炸。因此在钢瓶运输、保存和使用时,应远离热源(明火、暖气、炉子),并避免长期在日光下暴晒,尤其在夏天更应该注意。

(2)气瓶即使在温度不高的情况下受到猛烈撞击,或不小心被碰倒跌落,都有可能引起爆炸。因此,钢瓶在运输过程中,要轻搬轻放,避免跌落撞击,使用时要固定牢靠,防止碰倒,更不允许用铁锤、扳手等金属器具敲打钢瓶。

(3)瓶阀是钢瓶中的关键,必须保护好,否则会发生事故。

①若瓶内存放的是氧气、氢气、二氧化碳和二氧化硫等气体,瓶阀应用铜和钢制成。若瓶内存放的是氨气,则瓶阀必须用钢制成,以防腐蚀。

②使用钢瓶时,必须用专用的减压阀和压力表。尤其是氢气和氧气的减压阀不能互换,为了防止氢气和氧气两类气体的减压阀混用造成事故,氢气表和氧气表的表盘上都注明有氢气表和氧气表的字样。在氢气及其他可燃气体的瓶阀中,连接减压阀的连接管为左旋螺纹,而在氧气等不可燃烧气体瓶阀中,连接管为右旋螺纹。

③氧气瓶阀严禁接触油脂。高压氧气与油脂相遇,会引起燃烧,甚至会发生爆炸,因此切莫用带油污的手和扳手开关氧气瓶。

④要注意保护瓶阀。开关瓶阀时一定要搞清楚方向,缓慢转动,旋转方向错误和用力过猛会使螺纹受损,可能导致冲脱,造成重大事故。关闭瓶阀时,注意使气瓶不漏气即可,不要关得过紧。气瓶用完和搬运时,一定要盖上保护瓶阀的安全帽。

⑤瓶阀发生故障时,应立即报告指导教师,严禁擅自拆卸瓶阀上的任何零件。

(4)当钢瓶安装好减压阀和连接管后,每次使用前都要在瓶阀附近用肥皂水检查,确认不漏气才能使用。对于有毒或易燃、易爆气体的钢瓶,除了应保证严密不外漏,最好单独放置在远离化工原理实验室的小屋里。

(5)钢瓶中的气体不要全部用尽。一般钢瓶使用到压力为 0.5 MPa 时,应停止使用。因为压力过低会给充气带来不安全因素,当钢瓶内的压力与外界大气压力相同时,会造成空气的进入。危险气体在充气时极易因为上述原因发生爆炸事故,这类事故已经发生过多次。

(6)输送易燃易爆气体时,流速不能过快,在输出管路上应采取防静电措施。

(7)气瓶必须严格按期检验。

3)防火知识

实验操作人员必须了解消防知识,实验室内应准备一定数量的消防器材,工作人员应

熟悉消防器材的存放位置和使用方法,绝不允许将消防器材移作他用。实验室常用的消防器材包括以下几种:

(1)火沙箱。沙子能隔断空气并降低火焰温度,进而灭火。易燃液体和其他不能用水灭火的危险品,着火时可用沙子扑灭。但沙中不能混有可燃性杂质,并且要保持干燥,因为潮湿的沙子遇火后因水分蒸发,会致使燃着的液体产生飞溅。沙箱因为存沙有限,所以只能扑灭局部小规模火源,对于大面积火源,沙箱因沙量太少而作用不大。

(2)石棉布、毛毡或湿布。适用于迅速扑灭火源面积不大的火灾,也是扑灭衣服着火的常用方法,其原理是隔绝空气达到灭火的目的。

(3)二氧化碳灭火器。当空气中含有 12%～15% 的二氧化碳时,燃烧即停止。二氧化碳灭火器钢筒内装有压缩的二氧化碳。使用时,旋开手阀,二氧化碳就能急剧喷出,使燃烧物与空气隔绝,同时降低空气中的含氧量。注意,使用二氧化碳灭火器时要防止现场人员窒息。

(4)泡沫灭火器。实验室多用手提式泡沫灭火器,其外壳是薄钢板,内有一个玻璃胆,盛有硫酸铝,胆外装有碳酸氢钠溶液和发泡剂(甘草精)。灭火液由 50 份硫酸铝、50 份碳酸氢钠及 5 份甘草精组成。使用时将灭火器倒置,马上有化学反应生成二氧化碳泡沫。泡沫黏附在燃烧热物表面上,形成与空气隔绝的薄层而达到灭火的目的。

$$6NaHCO_3 + Al_2(SO_4)_3 \longrightarrow 3Na_2SO_4 + Al_2O_3 + 3H_2O + 6CO_2 \uparrow$$

手提式泡沫灭火器适用于扑灭实验室的一般火灾。可用于油类开始着火时的灭火,但不能直接用于扑灭电线和电气火灾,因为泡沫本身是导电的,会造成灭火人的触电事故,所以应切断电源后再灭火。

(5)四氯化碳灭火器。四氯化碳灭火器在钢筒内装有四氯化碳并压入 0.7 MPa 的空气,使筒内有一定压力。使用时将灭火器倒置,旋开手阀,即喷出四氯化碳。它是不燃的液体,其蒸气比空气重,能覆盖在燃烧物表面将空气隔绝而灭火。它适用于扑灭电气设备的火灾。因四氯化碳有毒,使用时要站在上风口。室内灭火后应打开门窗通风,以免中毒。

(6)其他灭火器。干粉灭火器可扑灭易燃液体、气体、带电设备引起的火灾。1211 灭火器适用于扑救油类、电器类、精密仪器等火灾。这类灭火器在一般实验室内使用不多,对大型及大量使用可燃物的实验场所应备用此类灭火器。

4)实验室用电

化工原理实验中电气设备较多,某些设备的电负荷也较大。在接通电源之前,必须认真检查电器设备和电路是否符合规定要求,对于直流电设备应检查正、负极是否接对。必须搞清楚整套实验装置的启动和停车操作顺序,以及紧急停车的方法。注意安全要点极为重要,对电气设备必须采取安全措施。操作者必须严格遵守以下操作规定:

(1)实验之前必须了解总电闸的位置,以便出现用电事故及时切断各个电源。合闸动作要快,要合得牢。合闸后若发现异常声音或气味,应立即拉闸,进行检查。

(2)离开实验室前,必须把本实验室的总电闸拉下断电。发生停电情况,必须切断所有的电闸,防止操作人员离开现场后,因突然供电而导致电气设备在无人监视下运行。

(3)带金属外壳的电气设备都应该保护接零,定期检查是否连接良好。导线的接头应紧密牢固。接触电阻要小。裸露的接头部分必须用绝缘胶布包好,或者用绝缘管套好。所有的电气设备在带电时不能用湿布擦拭,更不能有水落于其上。电气设备要保持干燥清洁。电气设备维修时必须停业作业。

(4)电源或电气设备上的保护熔断丝或保险管,都应按规定电流标准使用。严禁私自加粗保险丝或用铝丝代替。当保险丝熔断后,一定要查找原因,消除隐患,而后换上新的保险丝。

第 2 章

实验数据的测量、误差及处理

2.1 实验数据的测量

2.1.1 实验点的选择

在进行实验时,可以在一定范围内任意改变的变量称为实验控制变量,比如温度、压力、流量等。在以流量或者雷诺数作为自变量的实验中,流量是主要的控制变量。一般情况下,都希望实验数据能够均匀分布。在可调节范围一定时,应该取多少组数据是一个问题。按照对实验数据进行回归处理的要求,实验数据应不少于回归模型中回归系数的个数的 5~10 倍,在实验时还应留有一定的余地(可能会剔除异常数据)。

例如,若用二次曲线拟合离心泵的扬程与流量之间的对应关系,则回归模型中有三个待定参数(回归系数),有效实验数据应不少于 15 组。先调节阀全开获得离心泵的最大流量,取流量间隔 $\Delta Q = \dfrac{Q_{max} - Q_{min}}{N}$ 进行调节,得到 $N+1$ 组数据。在此例中,N 应取 16 或 17。

在拟合时需要先取对数的场合,最好是对直接控制变量的对数进行平均分割。例如,强制对流传热的准数关系式或直管中的摩擦因子与雷诺数之间的关系,雷诺数中除流速外,其他参数如密度、黏度相对恒定或变化不大,取流量间隔 $\Delta \ln Q = \dfrac{\ln Q_{max} - \ln Q_{min}}{N}$ 进行调节比较适宜。

2.1.2 数据的读取

在读取数据时,应注意仪表指示的量程、分度单位等,按正确的方法读取数据。实验数据的测量有直接测量和间接测量两种方法。

直接测量值的有效数字的位数取决于测量仪器的精度。测量时,一般有效数字的位数可保留到测量仪器的最小刻度后一位,即估读一位。例如,压力表的最小分度值为 0.01 MPa 时,其有效数字可取至小数点后三位,如 0.126 MPa;U 形管压差计的刻度最小分度值通常为 0.1 cm,那么读数时应向后估读一位,如 5.35 cm。

在实验过程中,有些物理量难以直接测量时,可采用间接测量法测量,例如干燥实验中毛毡的外表面积。通过间接测量得到的有效数字的位数和与其相关的直接测量的有效数字有关,其取舍方法服从有效数字的计算规则。

2.1.3　有效数字

在实验中,无论是直接测量还是间接测量的数据,用几位有效数字表示都是一项很重要的事。经常可见到同学们在列出数据时,小数点后跟着一长串数字。这是因为很多同学认为,小数点后面的数字越多数据就越准确,或者运算结果保留的位数越多就越准确,其实这是错误的想法。应该注意两点:①数据中小数点的位置在前或在后仅与所用的测量单位有关;②测量或计算得到的结果不可能也不应该超越仪器仪表所允许的准确度范围。

在数据计算过程中,所得数据的位数会超过有效数字的位数,此时需要将多余的位数舍去,其运算规则如下:

(1)在加减法运算中,各数所保留的小数点后的位数,与各数中小数点后的位数最少的相一致。

(2)在乘除法运算中,各数所保留的位数以原来各数中有效数字位数最少的那个数为准,所得结果的有效数字位数也应与原来各数中位数最少的那个数相同。

(3)在对数计算中,所取对数位数与真数有效数字相同。

2.2　实验数据的误差

2.2.1　误差的表示方式

由于实验方法和实验设备的不完善、周围环境的影响以及人为因素等,实验测得的数据和被测量的真值之间不可避免地存在着差异,称为测量误差。

在分析实验测量误差时,一般用理论真值、相对真值(例如更精确的测量方法测得的值)或平均值代替真值。在化工领域中,常用的平均值有算术平均值、均方根平均值、几何平均值和对数平均值等。采用哪种方法计算平均值取决于一组测量值的分布类型。其中,算术平均值最为常用。

测量误差的表示方式有绝对误差和相对误差。测量误差的绝对值称为绝对误差,其值越大,表示测量的精确度越低;反之,则表示测量的精确度越高。要想提高测量的精确度,就必须从各方面寻找有效措施来减小测量误差。绝对误差与真值的比值,称为相对误差,常用百分数来表示。

2.2.2　误差的分类

根据误差的性质和产生的原因,可将误差分为系统误差、随机误差和过失误差(或称粗大误差)。

系统误差是指在一定条件下对同一物理量进行多次测量时,误差的数值保持恒定,或按照某种已知函数规律变化。主要来源有：①测量仪器的精度不能满足要求或仪器存在零点偏差等；②由近似的测量方法测量或利用简化的计算公式进行计算；③温度、湿度、压力等外界因素；④测量人员的习惯对测量过程引起的误差等。在测量时，应尽力消除系统误差的影响，对于难以消除的系统误差，应设法确定或估计其大小，从测量结果中予以消除。

随机误差又称偶然误差，是由一些测量中的随机性因素造成的。在相同条件下多次进行测量，其数值大小、正负是不确定的。原因可能是实验者对仪器最小分度值估读很难每次严格相同，仪器的某些活动部件所指示的测量结果很难每次完全相同，有些实验条件实际上无法完全按人们所要求的条件控制。这一类误差可通过改进仪器和测量技术，提高实验操作的熟练程度来减小，但不可能完全避免。

过失误差是由测量过程中的疏忽大意造成的，如读数错误、记录错误或操作失败。这类误差往往很大，应在整理数据时将相应的数据予以剔除。

2.3　实验数据的处理

实验数据的处理是将实验测得的一系列数据经过计算整理后，用最适宜的方式表达出来。数据处理的主要内容包括：实验数据的辨识和判断；列表及作图；回归计算及误差分析等。

2.3.1　实验数据的辨识和判断

通常先把实验数据标在坐标纸上或者输入电脑作出散点图，初步观察是否有明显异常的数据。如果有，应予以剔除，否则会严重影响数据拟合的质量，无法反映实验变量之间的真实的规律性。除此之外，还应该认真分析出现异常的原因，并且在实验报告中进行说明。而对于有规律的波动，则应谨慎处理。例如，重量传感器或者鼓风机的周期性波动导致干燥速率曲线在数据比较密集时表现出较大的波动，这种波动的振幅通常接近且具有周期性，此时可采用拟合处理或者降低数据的采集频率，对数据进行压缩。

2.3.2　列表及作图

实验数据的初步整理是列表，包括原始数据记录表、整理计算数据表。原始数据记录表是根据实验内容设计的，必须在实验正式开始之前列出表格。整理数据表应简明扼要，只表达主要物理量的计算结果。列表时应注意：①表头列出物理量名称、符号和计量单位；②注意有效数字的位数；③物理量的数值较大或较小时，建议用科学计数法来表示；④表格应按顺序编号，并给出表题；⑤同一个表格尽量不要跨页，必须跨页时，在后页上要注明"续表××"。

图示法的优点是直观清晰、便于比较。作图时，首先应合理选择坐标系。化工中常用的坐标系为直角坐标系、半对数坐标系和对数坐标系。当实验中遇到的函数关系为直线关

系 $y=a+bx$ 时,选用直角坐标系;当其中一个变量在所研究的范围内发生了几个数量级的变化,而另一个变化较小时(例如流量计标定实验中孔流系数和雷诺数的关系),或者需要将某种函数(如指数函数 $y=ae^{bx}$)变换为线性函数时,建议用半对数坐标系;当所研究的函数和自变量在数值上均变化了几个数量级(如直管中的摩擦因子和雷诺数的关系),或者需要变换某种非线性关系(如幂函数关系 $y=ax^b$)为线性关系时,采用双对数坐标。

作图时,一般以自变量为横轴,因变量为纵轴,横轴与纵轴的读数是否从 0 开始,视具体情况而定。坐标分度应该与实验数据的有效数字位数相匹配,并且方便读出数据点的坐标值,还要充分利用作图区域,合理布局。坐标轴上必须标明该坐标所代表的变量的名称、符号及所用的单位。图必须有图号和图名,必要时还应有图注。

2.3.3 回归计算及误差分析

当需要对数据结果以数学方程式的形式表示时,还需要在散点图的基础上进行回归计算,通常由电脑软件完成,但需要在进行回归之前选定回归模型。选择的原则是:既要求形式简单、所含常数较少,同时又希望能准确地表达实验数据之间的关系。在实践过程中,在保证必要的准确度的前提下,通常尽可能选择简单的线性关系的形式。为了简化数据处理,对于一些非线性函数关系,可采用适当的转换,化成线性关系。例如强制对流传热的准数关系式,可通过公式两边取对数,把待求的幂函数关系式转变为线性方程。

对于验证性的实验内容,回归模型通常已经明确。但是在实验教学的实践当中,有些同学还是会经常犯一些低级的错误。主要原因是缺少独立和认真的思考,没有养成在理解的基础上再进行理性处理的好习惯。例如,测量液体在直管内流动时摩擦因子与雷诺数之间的关系实验中,在层流区域和湍流区域遵循不同的规律。因此,在雷诺数小于 2 000 的范围内,应该选择适合于层流的回归模型;对于雷诺数大于 2 000(包括过渡流阶段)的部分,采用适合湍流的回归模型。在填料塔的流体力学性能测定实验中,在喷淋量恒定时,逐步加大气体流量,直到产生液泛。由于液泛前后的填料塔压降与空塔气速之间的关系遵循不同的规律,因此在对数据进行处理时,应该以液泛点为界,分两段处理。干燥实验中,实验结果比较明确地显示出恒速干燥阶段和降速干燥阶段,数据处理理应分段进行拟合,如果把干燥速率随干基含水率的变化拟合成为一条抛物线形状的曲线,就是错误的。

在对数据处理完毕后,可对最终结果作简单的误差分析,例如在传热实验中对努赛尔特准数和雷诺数的关系回归计算之后,得到一条直线,可将直线的斜率作为测量值,将经验值 0.8 作为真值,计算绝对误差和相对误差,并对产生误差的原因进行分析。

第 3 章

化工原理演示实验

实验一　机械能转化演示实验

一、实验目的

(1)观测动压头、静压头、位压头随管径、位置、流量的变化情况,验证连续性方程和伯努利方程;

(2)定量考察流体流经收缩、扩大管段时,流体流速与管径关系;

(3)定量考察流体流经直管段时,流体阻力与流量关系;

(4)定性观察流体流经节流件、弯头的压损情况。

二、基本原理

化工生产中,流体的输送多在密闭的管道中进行,因此研究流体在管内的流动是化学工程中一个重要课题。任何运动的流体,仍然遵守质量守恒定律和能量守恒定律,这是研究流体力学性质的基本出发点。

1)连续性方程

对于流体在管内稳定流动时的质量守恒形式表现为如下的连续性方程:

$$\rho_1 \iint_1 v \mathrm{d}A = \rho_2 \iint_2 v \mathrm{d}A \qquad (3\text{-}1)$$

根据平均流速的定义,

$$\rho_1 u_1 A_1 = \rho_2 u_2 A_2 \qquad (3\text{-}2)$$

即

$$m_1 = m_2 \qquad (3\text{-}3)$$

而对均质、不可压缩流体,$\rho_1 = \rho_2 =$ 常数,则式(3-2)变为

$$u_1 A_1 = u_2 A_2 \qquad (3\text{-}4)$$

对均质、不可压缩流体,平均流速与流通截面积成反比,即面积越大,流速越小;反之,面积越小,流速越大。

对圆管,$A = \pi d^2/4$,d 为直径,于是式(3-4)可转化为

$$u_1 d_1^2 = u_2 d_2^2 \qquad (3\text{-}5)$$

2)机械能衡算方程

运动的流体除了遵循质量守恒定律以外,还应满足能量守恒定律,依此,在工程上可进一步得到十分重要的机械能衡算方程。

对于均质、不可压缩流体,在管路内稳定流动时,其机械能衡算方程(以单位质量流体为基准)为

$$z_1 + \frac{u_1^2}{2g} + \frac{p_1}{\rho g} + h_e = z_2 + \frac{u_2^2}{2g} + \frac{p_2}{\rho g} + h_f \tag{3-6}$$

上式中,各项均具有高度的量纲,z 为位头,$u^2/(2g)$ 为动压头(速度头),$p/(\rho g)$ 称为静压头(压力头),h_e 为外加压头,h_f 为压头损失。

针对上述机械能衡算方程的讨论:

(1)理想流体的伯努利方程。

无黏性的即没有黏性摩擦损失的流体称为理想流体,对于理想流体,$h_f = 0$,若此时又无外加功,则机械能衡算方程变为:

$$z_1 + \frac{u_1^2}{2g} + \frac{p_1}{\rho g} = z_2 + \frac{u_2^2}{2g} + \frac{p_2}{\rho g} \tag{3-7}$$

式(3-7)为理想流体的伯努利方程。该式表明,理想流体在流动过程中,总机械能保持不变。

(2)若流体静止,则 $u = 0$,$h_e = 0$,$h_f = 0$,于是机械能衡算方程变为

$$z_1 + \frac{p_1}{\rho g} = z_2 + \frac{p_2}{\rho g} \tag{3-8}$$

式(3-8)即为流体静力学方程,可见流体静止状态是流体流动的一种特殊形式。

3)管内流动分析

按照流体流动时的流速以及其他与流动有关的物理量(例如压力、密度)是否随时间而变化,可将流体的流动分成两类:稳定流动和不稳定流动。连续生产过程中的流体流动,多可视为稳定流动,在开工或停工阶段,则属于不稳定流动。

流体流动有两种不同形态,即层流和湍流,这一现象最早是由雷诺(Reynolds)于1883年首先发现的。流体做层流流动时,其流体质点做平行于管轴的直线运动,且在径向无脉动;流体做湍流流动时,其流体质点除沿管轴方向做向前运动外,还在径向做脉动,从而在宏观上显示出紊乱地向各个方向做不规则的运动。

流体流动型态可用雷诺数(Re)来判断,这是一个无因次数群,故其值不会因采用不同的单位制而不同。但应当注意,数群中各物理量必须采用同一单位制。若流体在圆管内流动,则雷诺数可用下式表示:

$$Re = \frac{du\rho}{\mu} \tag{3-9}$$

式中:Re——雷诺数,无因次;

$\quad\quad d$——管子内径,m;

$\quad\quad u$——流体在管内的平均流速,m/s;

ρ——流体密度，kg/m³；

μ——流体黏度，Pa·s。

式(3-9)表明，对于一定温度的流体，在特定的圆管内流动，雷诺数仅与流体流速有关。层流转变为湍流时的雷诺数称为临界雷诺数，用 Re_c 表示。工程上一般认为，流体在直圆管内流动时，当 $Re \leq 2\,000$ 时为层流；当 $Re > 4\,000$ 时，圆管内已形成湍流；当 Re 在 $2\,000 \sim 4\,000$ 范围内，流动处于一种过渡状态，可能是层流，也可能是湍流，或者是二者交替出现，这要视外界干扰而定，一般称这一 Re 数范围为过渡区。

三、装置流程

图 3-1 所示装置为有机玻璃材料制作的管路系统，通过泵使流体循环流动。管路内径为 30 mm，节流件变截面处管内径为 15 mm。单管压力计 1 和 2 可用于验证变截面连续性方程，单管压力计 1 和 3 可用于比较流体经节流件后的能头损失，单管压力计 3 和 4 可用于比较流体经弯头和流量计后的能头损失及位能变化情况，单管压力计 4 和 5 可用于验证直管段雷诺数与流体阻力系数关系，单管压力计 6 与 5 配合使用，用于测定单管压力计 5 处的中心点速度。

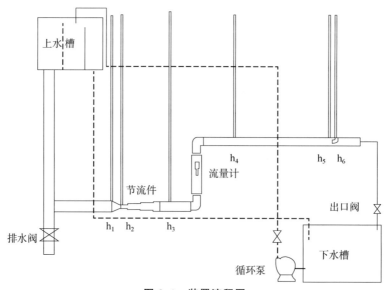

图 3-1　装置流程图

在本实验装置中设置了两种进料方式：①高位槽进料；②直接泵输送进料。设置这两种方式是为了让学生有对比，当然直接泵进料液体是不稳定的，会产生很多空气，这样实验数据会有波动，所以一般在采集数据的时候建议采用高位槽进料。

四、演示操作

(1)先在下水槽中加满清水，保持管路排水阀、出口阀关闭状态，通过循环泵将水打入上水槽中，使整个管路中充满流体，并保持上水槽液位一定高度，可观察流体静止状态时各管段高度。

（2）通过出口阀调节管内流量，注意保持上水槽液位高度稳定（即保证整个系统处于稳定流动状态），并尽可能使转子流量计读数在刻度线上。观察记录各单管压力计读数和流量值。

（3）改变流量，观察各单管压力计读数随流量的变化情况。注意每改变一个流量，需给予系统一定的稳流时间，方可读取数据。

（4）结束实验，关闭循环泵，全开出口阀排尽系统内流体，之后打开排水阀排空管内沉积段流体。

注意：①若不是长期使用该装置，对下水槽内液体也应作排空处理，防止沉积尘土，否则可能堵塞测速管；②每次实验开始前，也需先清洗整个管路系统，即先使管内流体流动数分钟，检查阀门、管段有无堵塞或漏水情况。

五、数据分析

（1）h_1 和 h_2 的分析。

由转子流量计流量读数及管截面积，可求得流体在 1 处的平均流速 u_1（该平均流速适用于系统内其他等管径处）。若忽略 h_1 和 h_2 间的沿程阻力，适用伯努利方程即式（3-7），且由于 1、2 处等高，则有：

$$\frac{p_1}{\rho g}+\frac{u_1^2}{2g}=\frac{p_2}{\rho g}+\frac{u_2^2}{2g} \tag{3-10}$$

其中，两者静压头差即为单管压力计 1 和 2 读数差（$\mathrm{mH_2O}$），由此可求得流体在 2 处的平均流速 u_2。令 u_2 代入式（3-5），验证连续性方程。

（2）h_1 和 h_3 的分析。

流体在 1 和 3 处，经节流件后，虽然恢复到了等管径，但是单管压力计 1 和 3 的读数差说明了能头的损失（即经过节流件的阻力损失），且流量越大，读数差越明显。

（3）h_3 和 h_4 的分析。

流体经 3 到 4 处，受弯头和转子流量计及位能的影响，单管压力计 3 和 4 的读数差明显，且随流量的增大，读数差也变大，可定性观察流体局部阻力导致的能头损失。

（4）h_4 和 h_5 的分析。

直管段 4 和 5 之间，单管压力计 4 和 5 的读数差说明了直管阻力的存在（小流量时，该读数差不明显，具体考察直管阻力系数的测定可使用流体阻力装置），根据

$$h_f=\lambda\frac{L}{d}\frac{u^2}{2g} \tag{3-11}$$

可推算得阻力系数，然后根据雷诺数，作出两者关系曲线。

（5）h_5 和 h_6 的分析。

单管压力计 5 和 6 之差指示的是 5 处管路的中心点速度，即最大速度 u_c，有

$$\Delta h=\frac{u_c^2}{2g} \tag{3-12}$$

考察在不同雷诺数下，u_c 与管路平均速度 u 的关系。

实验二　雷诺演示实验

一、实验目的

(1)观察流体在管内流动的两种不同流态。

(2)测定临界雷诺数 Re_c。

二、基本原理

流体流动有两种不同型态,即层流(或称滞流,Laminar flow)和湍流(或称紊流,Turbulent flow),这一现象最早是由雷诺(Reynolds)于 1883 年首先发现的。流体做层流流动时,其流体质点做平行于管轴的直线运动,且在径向无脉动;流体做湍流流动时,其流体质点除沿管轴方向做向前运动外,还在径向做脉动,从而在宏观上显示出紊乱地向各个方向做不规则的运动。

流体流动型态可用雷诺数(Re)来判断,这是一个由各影响变量组合而成的无因次数群,故其值不会因采用不同的单位制而不同。但应当注意,数群中各物理量必须采用同一单位制。若流体在圆管内流动,则雷诺数可用下式表示:

$$Re = \frac{du\rho}{\mu} \tag{3-13}$$

式中:Re——雷诺数,无因次;

d——管子内径,m;

u——流体在管内的平均流速,m/s;

ρ——流体密度,kg/m³;

μ——流体黏度,Pa·s。

层流转变为湍流时的雷诺数称为临界雷诺数,用 Re_c 表示。工程上一般认为,流体在直圆管内流动时,当 $Re \leqslant 2\,000$ 时为层流;当 $Re > 4\,000$ 时,圆管内已形成湍流;当 Re 在 $2\,000 \sim 4\,000$ 范围内,流动处于一种过渡状态,可能是层流,也可能是湍流,或者是二者交替出现,这要视外界干扰而定,一般称这一雷诺数范围为过渡区。

对于一定温度的流体,在特定的圆管内流动,雷诺数仅与流体流速有关。本实验即是通过改变流体在管内的速度,观察在不同雷诺数下流体的流动形态。

三、实验装置及流程

实验装置如图 3-2 所示,主要由玻璃试验导管、流量计、流量调节阀、低位贮水槽、循环水泵、稳压溢流水槽等部分组成,演示主管路为 φ20 mm×2 mm 硬质玻璃。

实验前,先将水充满低位贮水槽,关闭流量计后的调节阀,然后启动循环水泵。待水充满稳压溢流水槽后,开启流量计后的调节阀。水由稳压溢流水槽流经缓冲槽、试验导管和流量计,最后流回低位贮水槽。水流量的大小,可由流量计和调节阀调节。

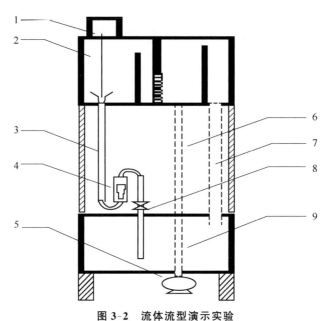

图 3-2　流体流型演示实验

1—红墨水贮瓶；2—溢流稳压槽；3—试验导管；4—转子流量计；5—循环泵；

6—上水管；7—溢流回水管；8—调节阀；9—贮水槽

示踪剂采用红色墨水，它由红墨水贮瓶经连接管和细孔喷嘴，注入试验导管。细孔玻璃注射管(或注射针头)位于试验导管入口的轴线部位。

注意：实验用的水应清洁，红墨水的密度应与水相当，装置要放置平稳，避免震动。

四、演示操作

(1)层流流动形态

试验时，先少许开启调节阀，将流速调至所需要的值。再调节红墨水贮瓶的下口旋塞，并作精细调节，使红墨水的注入流速与试验导管中主体流体的流速相适应，一般略低于主体流体的流速为宜。待流动稳定后，记录主体流体的流量。此时，在试验导管的轴线上，就可观察到一条平直的红色细流，好像一根拉直的红线一样。

(2)湍流流动形态

缓慢地加大调节阀的开度，使水流量平稳增大，玻璃导管内的流速也随之平稳增大。此时可观察到，玻璃导管轴线上呈直线流动的红色细流，开始发生波动。随着流速的增大，红色细流的波动程度也随之增大，最后断裂成一段段的红色细流。当流速继续增大时，红墨水进入试验导管后立即呈烟雾状分散在整个导管内，进而迅速与主体水流混为一体，使整个管内流体染为红色，以致无法辨别红墨水的流线。

实验三　流体流线演示实验

一、实验目的

(1)观察流体流过不同绕流体时的流动现象;

(2)观察流体流过文丘里管时的流动现象,理解文丘里管的工作原理;

(3)通过观察球阀全开时湍动现象,理解流体流过阀门时压力损失的大小;

(4)通过观察列管换热器模拟时流体流动的特点,理解换热器列管排列方式对换热效果的影响;

(5)通过观察不同转弯角度、弧度的转角时流体流动的不同特点理解怎样的转角设计,流体流动最理想;

(6)通过观察流体流过孔板模拟时的湍动现象理解孔板流量计的工作原理。

二、基本原理

流体在流经障碍物、截面突然扩大或缩小、弯头等局部阻力骤变处时,流体的流动状况会由层流转化为湍流。流体在做湍流流动时,其质点做不规则的杂乱动作,并互相碰撞产生漩涡等现象。而流体在流过曲面,如球体、圆柱体或其他几何形状物体的表面时,无论是层流还是湍流,在一定条件下都会产生边界层与固体表面脱离的现象,并且在脱离处产生漩涡。本装置利用一定流速流体流经文丘里气体发生器产生的气泡模拟出流体的流动情况,让学生清楚观察到湍流漩涡、边界层分离等现象。

三、实验装置与流程

实验装置与流程如图 3-3 所示,主要由低位水箱、水泵、气泡整流部分、演示部分、溢流水箱等部分组成。

四、演示操作

演示时,启动水泵,调节总水路的水流量。装备提供 6 块不同绕流体的演示板,可随意选择其中一块或同时使用几块进行实验。利用各分路上的水量调节阀调节水流量,文丘里处的针型阀调节好气泡大小(不同板对比实验时气泡大小要尽可能一致),比较流体流过不同绕流体的流动情况。主要的演示板结构如图 3-4 所示,主要模拟流体流经孔板,以一定管子排列方式排列的列管换热器、换热器挡板、圆柱体、流线体、直角弯头、变截面通道等绕流体时的流动情况。可以观察到流体流经绕流体时所产生的边界层分离现象,气泡、漩涡的大小反映了流体流经不同绕流体时的流动损失的大小。实验室有条件可同时给水添加颜料,以达到更好的实验效果。利用该装置可以获得十分满意的教学效果。

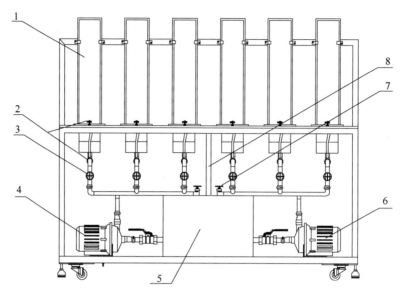

图 3-3　绕流演示设备流程图

1—演示部分;2—文丘里及气泡调节;3—进水调节阀;4,6—水泵;5—水箱;

7—排水管路;8—溢流水管

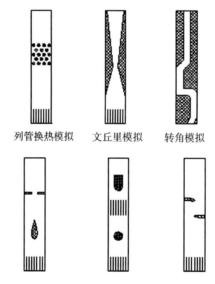

列管换热模拟　　文丘里模拟　　转角模拟

流线体及孔板模拟　圆形体及直线　球阀全开模拟
　　　　　　　　收尾体模拟

图 3-4　绕流演示板

操作步骤示例:

(1)检查线路和接地线的连接情况,确定电路安全,水泵接线无松动等。

(2)总进水调节阀 3 全开,开启水泵。打开出水阀并调节出口的流体流量。

（3）打开欲进行演示板的分进水阀,并控制合适流量。

（4）缓缓打开文丘里气泡调节阀,观察外界大气是否进入文丘里液体管路,若未见气体进入,则需加大进水阀流量,直至有明显数量的气泡进入。

（5）若要同时演示多块演示板并进行对比时,则需调节进水总流量,使每一条支路中都有足够的液体流量。

（6）实验结束,先关闭文丘里气泡调节阀,再关闭各支路进水调节阀,然后关闭水泵,最后关闭总管路各调节阀。

（7）切断电源,若在一段较长的时间内不做此实验,最好排空水箱中的水。

第 4 章

化工原理验证实验

实验一　流体流动阻力测定实验

一、实验目的

(1)测定直管阻力系数 λ 与雷诺数 Re 的关系,将所得的 $\lambda - Re$ 关系与经验公式进行比较。

(2)测定流体流经阀门等管件时的局部阻力系数。

(3)学会倒 U 形管压差计、涡轮流量计、压差变送器和转子流量计的测定原理及使用方法。

二、基本原理

流体通过由直管、管件(如三通和弯头等)和阀门等组成的管路系统时,由于黏性剪应力和涡流应力的存在,会损失一定的机械能。流体流经直管时所造成机械能损失称为直管阻力损;流体通过管件、阀门时,因流体运动方向和速度改变所引起的机械能损失称为局部阻力损失。

管路阻力的计算是流体输送的核心问题之一,也是管路设计的重要内容,对于确定流体输送所需推动力的大小,选择适当的输送条件起着非常重要的作用。管路阻力的计算是建立在实验测定基础上的。

1)直管阻力系数 λ 的测定

由流体的机械能衡算式伯努利方程可知,流体在水平等径直管中稳定流动时,阻力损失为:

$$h_{\mathrm{f}} = \frac{\Delta p_{\mathrm{f}}}{\rho} = \frac{p_1 - p_2}{\rho} = \lambda \, \frac{l}{d} \frac{u^2}{2} \tag{4-1}$$

即

$$\lambda = \frac{2d \, \Delta p_{\mathrm{f}}}{\rho l u^2} \tag{4-2}$$

式中:λ——直管阻力系数,无因次;

$\quad d$——直管内径,m;

$\quad \Delta p_{\mathrm{f}}$——流体流经 l 米直管的压力差,Pa;

h_f——单位质量流体流经 l 米直管的机械能损失，J/kg；

ρ——流体密度，kg/m³；

l——直管长度，m；

u——流体在管内流动的平均流速，m/s。

层流时，直管阻力系数为：

$$\lambda = \frac{64}{Re} \tag{4-3}$$

$$Re = \frac{du\rho}{\mu} \tag{4-4}$$

式中：Re——雷诺数，无因次；

μ——流体黏度，kg/(m·s)。

湍流时，λ 是雷诺数 Re 和相对粗糙度（ε/d）的函数，需由实验确定。

由式（4-2）可知，欲测定 λ，需确定 l、d，测定 Δp_f、u、ρ、μ 等参数。l、d 为装置参数（装置参数见表 4-1），ρ、μ 通过测定流体温度，再查有关手册而得，u 通过测定流体流量，再由管径计算得到。例如本装置采用涡轮流量计测流量 V，m³/h。

$$u = \frac{V}{900\pi d^2} \tag{4-5}$$

Δp_f 可用 U 形管、倒 U 形管、测压直管等液柱压差计测定，或采用差压变送器和二次仪表显示。

1）当采用倒 U 形管液柱压差计时

$$\Delta p_f = \rho g R \tag{4-6}$$

式中：R——水柱高度，m。

2）当采用 U 形管液柱压差计时

$$\Delta p_f = (\rho_0 - \rho) g R \tag{4-7}$$

式中：R——液柱高度，m；

ρ_0——指示液密度，kg/m³。

根据实验装置结构参数 l、d，指示液密度 ρ_0，流体温度 t_0（查流体物性 ρ、μ），及实验时测定的流量 V、液柱压差计的读数 R，通过式（4-5）、式（4-6）或式（4-7）、式（4-4）和式（4-2）求取 Re 和 λ，再将 Re 和 λ 标绘在双对数坐标图上。

2）局部阻力系数 ξ 的测定

局部阻力损失通常有两种表示方法，即当量长度法和阻力系数法。

（1）当量长度法：流体流过某管件或阀门时造成的机械能损失看作与某一长度为 l_e 的同直径的管道所产生的机械能损失相当，此折合的管道长度称为当量长度，用符号 l_e 表示。这样，就可以用直管阻力的公式来计算局部阻力损失，而且在管路计算时可将管路中的直管长度与管件、阀门的当量长度合并在一起计算，则流体在管路中流动时的总机械能损失 $\sum h_f$ 为：

$$\sum h_{\mathrm{f}} = \lambda \frac{l + \sum l_{\mathrm{e}}}{d} \frac{u^2}{2} \tag{4-8}$$

（2）阻力系数法：流体通过某一管件或阀门时的机械能损失表示为流体在小管径内流动时平均动能的某一倍数，局部阻力的这种计算方法，称为阻力系数法。即：

$$h_{\mathrm{f}} = \frac{\Delta p_{\mathrm{f}}}{\rho} = \xi \frac{u^2}{2} \tag{4-9}$$

故

$$\xi = \frac{2\Delta p_{\mathrm{f}}}{\rho u^2} \tag{4-10}$$

式中：ξ——局部阻力系数，无因次；

　　　Δp_{f}——局部阻力压强降，Pa（本装置中，所测得的压降应扣除两测压口间直管段的压降，直管段的压降由直管阻力实验结果求取）；

　　　ρ——流体密度，kg/m³；

　　　g——重力加速度，9.81 m/s²；

　　　u——流体在小截面管中的平均流速，m/s。

待测的管件和阀门由现场指定。本实验采用阻力系数法表示管件或阀门的局部阻力损失。

根据连接管件或阀门两端管径中小管的直径 d、指示液密度 ρ_0、流体温度 t_0（查流体物性 ρ、μ），及实验时测定的流量 V、液柱压差计的读数 R，通过式（4-5）、式（4-6）或式（4-7）、式（4-10）求取管件或阀门的局部阻力系数 ξ。

三、实验装置与流程

（1）实验装置如图 4-1 所示。

图 4-1　实验装置示意图

（2）实验装置流程如图 4-2 所示。

实验对象部分是由水箱，离心泵，不同管径、材质的水管，各种阀门、管件、涡轮流量计、流量变送器、差压变送器等所组成的。管路部分有三段并联的长直管，分别用于测定局部阻力系数、光滑管直管阻力系数和粗糙管直管阻力系数。测定局部阻力部分使用不锈钢管,其上装有待测管件(闸阀);光滑管直管阻力的测定同样使用内壁光滑的不锈钢管,而粗糙管直管阻力的测定对象为管道内壁较粗糙的镀锌管。

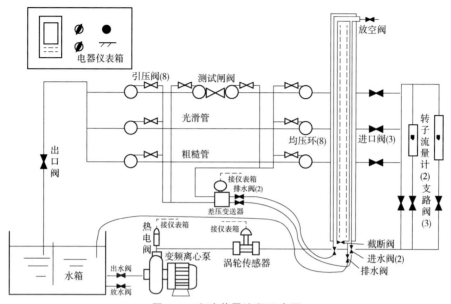

图 4-2　实验装置流程示意图

水的流量使用涡轮流量计测量;管路和管件的阻力采用差压变送器测量。

(3)装置参数如表 4-1 所示。

表 4-1　装置参数

管路	材质	管内径/mm	测量段长度/cm
闸阀	不锈钢管加黄铜阀门	20.0	95.0
光滑管	不锈钢管	20.0	100.0
粗糙管	镀锌铁管	20.0	100.0

四、实验步骤

(1)实验准备:

①检查储水槽内水位是否正常(离水箱上缘约 15 cm),若缺水须加水至满,实验中注意保持水体清洁。

②检查所有阀门并将阀门关紧。

③打开总电源和仪表开关,启动水泵至全速,待电机转动平稳后,把出口阀开到最大。

(2)实验管路选择:选择实验管路,把对应的进口阀打开,并在出口阀最大开度下,保持全流量流动 5~10 min。

（3）排气：打开差压变送器的引压阀和排水阀，使管路通过导压管与倒 U 形差压计形成通路，依靠水流将导压管中气泡排净，然后切断 U 形管，连通底端，打开排气放空阀，在 U 形管上端加入空气至合适位置，关闭放空阀与底端连通阀，接通 U 形管，使其处于测试状态。

（4）实验操作与记录：利用两只转子流量计配合使用，手动改变流量，待流动达到稳定后记录相应的压差值、温度、流量；流量改变次数应满足绘制曲线的要求。依次选择光滑管、粗糙管以及局部阻力管路进行测量。

（5）实验结束：数据测量完毕，关闭所有阀门，关闭水泵和仪表电源。

五、实验数据记录

（1）测量光滑直管内流体湍流时的摩擦系数 λ 与雷诺数 Re 的关系（表 4-2）。

表 4-2　实验记录表（一）

序号	涡轮流量计流量 /(m³·h⁻¹)	转子流量计流量 /(L·h⁻¹)	温度/℃	差压计读数/kPa	倒 U 形管水柱 高度差/mm
1					
2					
3					
4					
5					
……					

（2）测量粗糙直管内流体湍流时的摩擦系数 λ 与雷诺数 Re 的关系（表 4-3）。

表 4-3　实验记录表（二）

序号	涡轮流量计流量 /(m³·h⁻¹)	转子流量计流量 /(L·h⁻¹)	温度/℃	差压计读数/kPa	倒 U 形管水柱 高度差/mm
1					
2					
3					
4					
5					
……					

（3）测量有局部阻力（闸阀全开）直管内流体湍流时的阻力系数 λ 与雷诺数 Re 的关系（表 4-4）。

表 4-4　实验记录表（三）

序号	涡轮流量计流量 /(m³·h⁻¹)	转子流量计流量 /(L·h⁻¹)	温度/℃	差压计读数/kPa	倒 U 形管水柱 高度差/mm
1					
2					
3					
4					
5					
……					

（4）测量有局部阻力（闸阀半开）直管内流体湍流时的阻力系数 λ 与雷诺数 Re 的关系（表 4-5）。

表 4-5　实验记录表（四）

序号	涡轮流量计流量 /(m³·h⁻¹)	转子流量计流量 /(L·h⁻¹)	温度/℃	差压计读数/kPa	倒 U 形管水柱 高度差/mm
1					
2					
3					
4					
5					
……					

六、实验结果分析及报告

（1）根据粗糙管实验结果，在双对数坐标纸上标绘出 λ-Re 曲线，对照化工原理教材上有关曲线图，估算出该管的相对粗糙度和绝对粗糙度。

（2）根据光滑管实验结果，在双对数坐标纸上标绘出 λ-Re 曲线，对照柏拉修斯方程，计算其误差。

（3）根据局部阻力实验结果，求出闸阀全开时的平均 ξ 值。

（4）对实验结果进行分析讨论。

七、思考题

（1）如何判断管路中的空气已经被排除干净？

（2）水温的变化，是通过改变流体的哪些性能参数来影响流体流动阻力的？

(3)在不同设备上(包括不同管径),不同水温下测定的 λ-Re 数据能否关联在同一条曲线上?

(4)流体在直管内稳定流动时,产生直管阻力损失的原因是什么?阻力损失是如何测定的?

(5)如果测压口、孔边缘有毛刺或安装不垂直,对静压的测量有何影响?

参考文献

[1] 陈秀宇.化工原理实验[M].北京:高等教育出版社,2016.

[2] 孙尔康,张剑荣.化工原理实验[M].南京:南京大学出版社,2017.

[3] 王欲晓.化工原理实验[M].北京:化学工业出版社,2016.

实验二　离心泵特性曲线测定实验

一、实验目的

(1)了解离心泵的结构与特性,熟悉离心泵的使用;

(2)了解离心泵的串并联操作以及转速改变的影响;

(3)掌握离心泵特性曲线的测定方法。

二、实验内容

(1)测定单台离心泵在不同转速条件下的特性曲线;

(2)测定串联两台相同型号离心泵的泵组在最大转速条件下的特性曲线;

(3)测定并联两台相同型号离心泵的泵组在最大转速条件下的特性曲线。

三、实验原理

离心泵的特性受泵的结构、叶轮形式与转速的影响,特性参数包括流量 Q、扬程 H、功率 N、效率 η。对确定的离心泵,在一定转速下,H、N、η 都随流量 Q 的改变而变化,以曲线形式表示这些参数之间的关系就是离心泵的特性曲线,它是流体在泵内流动规律的宏观表现形式,离心泵的特性曲线是选择和使用离心泵的重要依据之一。由于泵内部流动情况复杂,难以用理论方法推导出泵的特性关系曲线,一般依靠实验测定。

1)流量 Q 的测定

通过离心泵的流量采用转子流量计测得。

2)扬程 H 的测定与计算

取离心泵进口真空表和出口压力表处为 1、2 两截面,列机械能衡算方程:

$$Z_1 + \frac{p_1}{\rho g} + \frac{u_1^2}{2g} + H = Z_2 + \frac{p_2}{\rho g} + \frac{u_2^2}{2g} + \sum H_f \tag{4-11}$$

式中,$\sum h_f$ 为 1、2 两截面之间的流动阻力,数值很小,可以忽略。如果 1、2 两截面处管径相等,速度平方差也可忽略,上式简化为:

$$H = (Z_2 - Z_1) + \frac{p_2 - p_1}{\rho g} \tag{4-12}$$

式中:ρ——流体密度,kg/m³

g——重力加速度 m/s²;

p_1、p_2——截面 1、截面 2 处的压强,N/m²;

u_1、u_2——截面 1、截面 2 处的流速,m/s;

Z_1、Z_2——真空表、压力表的安装高度,m。

由上式可知,只要直接读出真空表和压力表上的数值,及两表的安装高度差,就可计算出泵的扬程。

3）轴功率 N 的测量与计算

功率表测得的功率为电动机的输入功率，泵由电动机直接带动，传动效率可视为 1，电动机的输出功率等于泵的轴功率，即：

$$N_{轴} = N_{电出} \tag{4-13}$$

$$N_{电出} = N_{电入} \cdot \eta_{电} \tag{4-14}$$

所以：

$$N = N_{电入} \cdot \eta_{电} \tag{4-15}$$

式中：$\eta_{电}$——电动机效率，本实验电动机效率统一取为 0.95；

$N_{电入}$——电功率表显示值。

4）效率 η 的计算

泵的效率 η 是泵的有效功率 N_e 与轴功率 N 的比值。有效功率 N_e 是单位时间内流体经过泵时所获得的实际功，轴功率 N 是单位时间内泵轴从电机得到的功，两者差异反映了水力损失、容积损失和机械损失的大小。

泵的有效功率 N_e 可用下式计算：

$$N_e = HQ\rho g \tag{4-16}$$

泵的效率可用下式计算：

$$\eta = \frac{N_e}{N} \times 100\% \tag{4-17}$$

5）转速 n 的测定

利用光电探头进行测试，从仪表盘读出。

6）转速改变时的换算

泵的特性曲线是在指定转速下的实验测定所得的。但是，实际上感应电动机在转矩改变时，其转速会有变化，这样随着流量 Q 的变化，多个实验点的转速 n 将有所差异，因此在绘制特性曲线之前，须将实测数据换算为某一定转速 n' 下（n' 可取离心泵的额定转速 2 900 r/min）的数据。换算关系如下：

流量 $$Q' = Q\frac{n'}{n} \tag{4-18}$$

扬程 $$H' = H\left(\frac{n'}{n}\right)^2 \tag{4-19}$$

轴功率 $$N' = N\left(\frac{n'}{n}\right)^3 \tag{4-20}$$

效率 $$\eta' = \frac{H'Q'\rho g}{N'} \times 100\% \tag{4-21}$$

四、实验装置与流程

离心泵特性曲线测定装置流程图如图 4-3 所示。

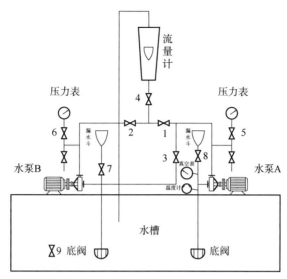

图4-3 实验装置流程示意图

1,2,3,4—流量调节阀；5,6—压力表表前阀；7,8—灌泵口阀门

五、实验方法及步骤

1)实验准备

(1)实验用水准备:清洗水箱,并加装实验用水。

(2)离心泵排气:通过灌泵漏斗给离心泵灌水,排出泵内气体。

2)实验步骤

(1)关闭所有阀门,打开泵A灌水阀8,利用灌水漏斗对泵A灌水,灌泵后关闭灌水阀8。

(2)接通总电源,仪表自检。关闭泵出口阀,试开离心泵,检查电机运转时声音是否正常。

(3)调节转速旋钮至指定转速,启动离心泵A,当泵的转速达到指定转速后,打开出口阀1,缓慢打开出口阀4,待系统内流体流动稳定,连通压力表和真空表,测取进出口压力、功率表的读数、流体温度和流体流量。

(4)逐渐改变出口阀4开度,调节到不同的流量,重复测取上述数据,在每一个流量下,待系统稳定流动2 min后,读取相应数据。调节流量的顺序可从最大流量至0或反之。

(5)调节转速旋钮,改变三组不同转速,重复上述测试。建议每一组转速测取的数据不少于15组。

(6)正确选择阀门组合,进行离心泵串并联操作,并进行测试;泵B操作同泵A,串联时,注意关闭泵B吸入管阀9。

(7)实验结束,先关闭出口流量调节阀,再停泵,切断电源。然后记录下离心泵的型号、额定流量、额定转速、扬程和功率等。

六、实验注意事项

(1)一般每次实验前,均需对泵进行灌泵操作,以防止离心泵气缚。同时注意定期对泵进行保养,防止叶轮被固体颗粒损坏。

(2)泵运转过程中,勿触碰泵主轴部分,因其高速转动,可能会造成身体伤害事故的发生。

(3)不要在出口流量调节阀关闭状态下长时间使泵运转,一般不超过 3 min,否则泵中液体循环温度升高,易产生气泡,影响泵正常运行。

(4)开关泵时,应将泵的出口阀关闭。

(5)启动离心泵前,关闭连接压力表和真空表的阀门以保护仪表。

七、实验原始数据记录表格

(1)实验原始数据记录表格,如表4-6至表4-10所示。

实验日期:_____ 　实验人员:_____ 　学号:_____

装置号:_____ 　离心泵型号:_____ 　额定流量:_____

额定扬程:_____ 　额定功率:_____

泵进出口测压点高度差 $H_0 =$ _____ 　　流体温度 $T =$ _____

表 4-6　指定转速 n_1' 时,单台离心泵的实验原始数据

序号	流量 Q /(m³·h⁻¹)	泵进口压 p_1 /kPa	泵出口压 p_2 /kPa	电机功率 $N_{电}$ /kW	泵转速 n /(r·min⁻¹)
1					
2					
3					
4					
5					
6					
7					
8					
9					
10					
11					
12					
13					
14					
15					

表 4-7　指定转速 n'_2 时,单台离心泵的实验原始数据

序号	流量 Q /(m³·h⁻¹)	泵进口压 p_1 /kPa	泵出口压 p_2 /kPa	电机功率 $N_电$ /kW	泵转速 n /(r·min⁻¹)
1					
2					
3					
4					
5					
6					
7					
8					
9					
10					
11					
12					
13					
14					
15					

表 4-8　指定转速 n'_3 时,单台离心泵的实验原始数据

序号	流量 Q /(m³·h⁻¹)	泵进口压 p_1 /kPa	泵出口压 p_2 /kPa	电机功率 $N_电$ /kW	泵转速 n /(r·min⁻¹)
1					
2					
3					
4					
5					
6					
7					
8					
9					
10					
11					
12					
13					
14					
15					

表 4-9 最大转速时,串联两台相同型号离心泵的泵组实验原始数据

序号	流量 Q /(m³·h⁻¹)	泵组进口压 p_1 /kPa	泵组出口压 p_2 /kPa	泵 A 电机功率 $N_{电}$ /kW	泵 A 转速 n /(r·min⁻¹)
1					
2					
3					
4					
5					
6					
7					
8					
9					
10					
11					
12					
13					
14					
15					

表 4-10 最大转速时,并联两台相同型号离心泵的泵组实验原始数据

序号	流量 Q /(m³·h⁻¹)	泵组进口压 p_1 /kPa	泵组出口压 p_2 /kPa	泵 A 电机功率 $N_{电}$ /kW	泵 A 转速 n /(r·min⁻¹)
1					
2					
3					
4					
5					
6					
7					
8					
9					
10					
11					
12					
13					
14					
15					

（2）根据原理部分的公式，按比例定律校核转速后，计算各流量下的泵扬程、轴功率和效率，如表 4-11 所示。

表 4-11　按比例定律校核后的数据

序号	流量 $Q'/(m^3 \cdot h^{-1})$	扬程 H'/m	轴功率 N'/kW	泵效率 $\eta'/\%$
1				
2				
3				
4				
5				
6				
7				
8				
9				
10				
11				
12				
13				
14				
15				

八、实验报告

（1）计算单台离心泵在指定转速条件下的 Q、H、N、η，分别绘制出所校核的转速下的 $H\text{-}Q$、$N\text{-}Q$、$\eta\text{-}Q$ 曲线；

（2）分析上述实验结果，讨论该离心泵最适宜的工作范围；

（3）计算串联两台相同型号离心泵的泵组在最大转速条件下的 Q、H，绘制出 $H\text{-}Q$ 曲线；

（4）计算并联两台相同型号离心泵的泵组在最大转速条件下的 Q、H，绘制出 $H\text{-}Q$ 曲线。

九、思考题

（1）依据所测实验数据，分析离心泵在启动时为什么要关闭出口阀门。

（2）启动离心泵之前为什么要引水灌泵？如果灌泵后依然启动不起来，分析可能的原因是什么。

（3）为什么用泵的出口阀门调节流量？这种方法有什么优缺点？是否还有其他方法调节流量？

（4）泵启动后，出口阀如果不开，压力表读数是否会逐渐上升？为什么？

（5）正常工作的离心泵，在其进口管路上安装阀门是否合理？为什么？

实验三　恒压过滤常数测定实验

一、实验目的

(1)熟悉板框压滤机的构造和操作方法。

(2)通过恒压过滤实验,验证过滤基本理论。

(3)了解过滤压力对过滤速率的影响。

二、实验内容

(1)过滤板框的安装。

(2)测定过滤常数 K 及压缩性指数 s。

三、实验原理

过滤是以某种多孔物质为介质来处理悬浮液以达到固、液分离的一种操作过程,即在外力的作用下,悬浮液中的液体通过固体颗粒层(即滤渣层)及多孔介质的孔道而固体颗粒被截留下来形成滤渣层,从而实现固、液分离。因此,过滤操作本质上是流体通过固体颗粒层的流动,而这个固体颗粒层(滤渣层)的厚度随着过滤的进行而不断增加,故在恒压过滤操作中,过滤速度不断降低。过滤速度 u 定义为单位时间单位过滤面积内通过过滤介质的滤液量。影响过滤速度的主要因素除过滤推动力(压强差)Δp,滤饼厚度 L 外,还有滤饼和悬浮液的性质、悬浮液温度、过滤介质的阻力等。过滤时滤液流过滤渣和过滤介质的流动过程基本上处在层流流动范围内,因此,可利用流体通过固定床压降的简化模型,寻求滤液量与时间的关系,可得过滤速度计算式:

$$u=\frac{\mathrm{d}V}{A\mathrm{d}\tau}=\frac{\mathrm{d}q}{\mathrm{d}\tau}=\frac{A\Delta p^{(1-s)}}{\mu \cdot r \cdot C(V+V_e)}=\frac{A\Delta p^{(1-s)}}{\mu \cdot r' \cdot C'(V+V_e)} \tag{4-22}$$

式中:u——过滤速度,m/s;

V——通过过滤介质的滤液量,m^3;

A——过滤面积,m^2;

τ——过滤时间,s;

q——通过单位面积过滤介质的滤液量,m^3/m^2;

Δp——过滤压力(表压),Pa;

s——滤渣压缩性系数;

μ——滤液的黏度,Pa.s;

r——滤渣比阻,$1/m^2$;

C——单位滤液体积的滤渣体积,m^3/m^3;

V_e——过滤介质的当量滤液体积,m^3;

r'——滤渣比阻，m/kg；

C'——单位滤液体积的滤渣质量，kg/m³。

对于一定的悬浮液，在恒温和恒压下过滤时，μ、r、C 和 Δp 都恒定，为此令：

$$K = \frac{2\Delta p^{(1-s)}}{\mu \cdot r \cdot C} \tag{4-23}$$

于是式(4-22)可改写为：

$$\frac{dV}{d\tau} = \frac{KA^2}{2(V+V_e)} \tag{4-24}$$

式中：K——过滤常数，由物料特性及过滤压差所决定，m²/s。将式(4-24)分离变量积分，整理得：

$$\int_{V_e}^{V+V_e}(V+V_e)d(V+V_e) = \frac{1}{2}KA^2\int_0^\tau d\tau \tag{4-25}$$

即

$$V^2 + 2VV_e = KA^2\tau \tag{4-26}$$

将式(4-25)的积分极限改为从 0 到 V_e 和从 0 到 τ_e 积分，则：

$$V_e^2 = KA^2\tau_e \tag{4-27}$$

将式(4-26)和式(4-27)相加，可得：

$$(V+V_e)^2 = KA^2(\tau+\tau_e) \tag{4-28}$$

式中：τ_e——虚拟过滤时间，相当于滤出滤液量 V_e 所需时间，s。再将式(4-28)微分，得：

$$2(V+V_e)dV = KA^2 d\tau \tag{4-29}$$

将式(4-29)写成差分形式，则

$$\frac{\Delta\tau}{\Delta q} = \frac{2}{K}\bar{q} + \frac{2}{K}q_e \tag{4-30}$$

式中：Δq——每次测定的单位过滤面积滤液体积(在实验中一般等量分配)，m³/m²；

$\Delta\tau$——每次测定的滤液体积 Δq 所对应的时间，s；

$\bar{q}$——相邻两个 q 值的平均值，m³/m²。以 $\Delta\tau/\Delta q$ 为纵坐标，$\bar{q}$ 为横坐标将式(4-30)标绘成一直线，可得该直线的斜率和截距，

斜率：
$$S = \frac{2}{K}$$

截距：
$$I = \frac{2}{K}q_e$$

则
$$K = \frac{2}{S}, \text{m}^2/\text{s}$$

$$q_e = \frac{KI}{2} = \frac{I}{S}, \text{m}^3$$

$$\tau_e = \frac{q_e^2}{K} = \frac{I^2}{KS^2}, \text{s}$$

改变过滤压差 Δp，可测得不同的 K 值，由 K 的定义式(4-23)两边取对数得：

$$\lg K = (1-s)\lg(\Delta p) + B \tag{4-31}$$

在实验压差范围内,若 B 为常数,则 $\lg K - \lg(\Delta p)$ 的关系在直角坐标上应是一条直线,斜率为 $(1-s)$,可得滤饼压缩性指数 s。

四、实验装置与流程

本实验装置由空压机、配料罐、压力料槽、板框过滤机等组成,其流程示意如图 4-4 所示。

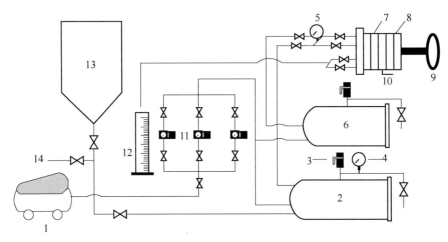

图 4-4　板框压滤机过滤流程

1—空气压缩机;2—压力灌;3—安全阀;4,5—压力表;6—清水罐;7—滤框;8—滤板;
9—手轮;10—通孔切换阀;11—调压阀;12—量筒;13—配料罐;14—地沟

$CaCO_3$ 的悬浮液在配料桶内配制一定浓度后,利用压差送入压力料槽中,用压缩空气加以搅拌使 $CaCO_3$ 不致沉降,同时利用压缩空气的压力将滤浆送入板框压滤机过滤,滤液流入量筒计量,压缩空气从压力料槽上排空管中排出。

板框压滤机的结构尺寸:框厚度 20 mm,每个框过滤面积 0.017 7 m²,框数 2 个。空气压缩机规格型号:风量 0.06 m³/min,最大气压 0.8 MPa。

五、实验步骤

(1)实验准备

(1)配料:在配料罐内配制含 $CaCO_3$ 10%～30%(质量百分比)的水悬浮液,$CaCO_3$ 事先由天平称重,水位高度按标尺示意,筒身直径 35 mm。配置时,应将配料罐底部阀门关闭。

(2)搅拌:开启空压机,将压缩空气通入配料罐(空压机的出口小球阀保持半开,进入配料罐的两个阀门保持适当开度),使 $CaCO_3$ 悬浮液搅拌均匀。搅拌时,应将配料罐的顶盖合上。

(3)设定压力:分别打开进压力灌的三路阀门,空压机过来的压缩空气经各定值调节阀分别设定为 0.1 MPa、0.2 MPa 和 0.25 MPa（出厂已设定，实验时不需要再调压。若欲做 0.25 MPa 以上压力过滤，需调节压力罐安全阀）。设定定值调节阀时，压力罐泄压阀可略开。

（4）装板框：正确装好滤板、滤框及滤布。滤布使用前用水浸湿，滤布要绷紧，不能起皱。滤布紧贴滤板，密封垫贴紧滤布（注意：用螺旋压紧时，千万不要把手指压伤，先慢慢转动手轮使板框合上，然后再压紧）。

（5）灌清水：向清水罐通入自来水，液面达视镜 2/3 高度左右。灌清水时，应将安全阀处的泄压阀打开。

（6）灌料：在压力罐泄压阀打开的情况下，打开配料罐和压力罐间的进料阀门，使料浆自动由配料桶流入压力罐至其视镜 1/2～2/3 处，关闭进料阀门。

2）过滤过程

（1）鼓泡：通压缩空气至压力罐，使容器内料浆不断搅拌。压力料槽的排气阀应不断排气，但又不能喷浆。

（2）过滤：将中间双面板下通孔切换阀开到通孔通路状态。打开进板框前料液进口的两个阀门，打开出板框后清液出口球阀。此时，压力表指示过滤压力，清液出口流出滤液。

（3）每次实验应在滤液从汇集管刚流出的时候作为开始时刻，每次 ΔV 取 800 mL 左右。记录相应的过滤时间 $\Delta \tau$。每个压力下，测量 8～10 个读数即可停止实验。若欲得到干而厚的滤饼，则应每个压力下做到没有清液流出为止。量筒交换接滤液时不要流失滤液，等量筒内滤液静止后读出 ΔV 值。（注意：ΔV 约 800 mL 时替换量筒，这时量筒内滤液量并非正好 800 mL。要事先熟悉量筒刻度，不要打碎量筒。）此外，要熟练掌握双秒表轮流读数的方法。

（4）一个压力下的实验完成后，先打开泄压阀使压力罐泄压。卸下滤框、滤板、滤布进行清洗，清洗时滤布不要折。每次滤液及滤饼均收集在小桶内，滤饼弄细后重新倒入料浆桶内搅拌配料，进入下一个压力实验。注意若清水罐水不足，可补充一定水源，补水时仍应打开该罐的泄压阀。

3）清洗过程

（1）关闭板框过滤的进出阀门。将中间双面板下通孔切换阀开到通孔关闭状态（阀门手柄与滤板平行为过滤状态，垂直为清洗状态）。

（2）打开清洗液进入板框的进出阀门（板框前两个进口阀，板框后一个出口阀）。此时，压力表指示清洗压力，清液出口流出清洗液。清洗液速度比同压力下过滤速度小很多。

（3）清洗液流动约 1 min，可观察浑浊变化判断结束。一般物料可不进行清洗过程。结束清洗过程，也是关闭清洗液进出板框的阀门，关闭定值调节阀后进气阀门。

4）实验结束

（1）先关闭空压机出口球阀，关闭空压机电源。

（2）全阀处泄压阀，使压力罐和清水罐泄压。

（3）滤框、滤板、滤布进行清洗，清洗时滤布不要折。

（4）罐内物料反压到配料罐内备下次使用，或将该二罐物料直接排空后用清水冲洗。

六、实验原始数据记录表格

实验原始数据记录见表 4-12。

表 4-12　恒压过滤常数数据表格

过滤压力一：　　　　　　过滤面积：	
滤液体积 ΔV	过滤时间 $\Delta \tau$

过滤压力二：　　　　　　　过滤面积：	
滤液体积 ΔV	过滤时间 $\Delta \tau$

过滤压力三：　　　　　　过滤面积：	
滤液体积 ΔV	过滤时间 $\Delta \tau$

七、实验报告

（1）由恒压过滤实验数据求过滤常数 K、q_e、τ_e。

（2）比较几种压差下的 K、q_e、τ_e 值，讨论压差变化对以上参数数值的影响。

（3）在直角坐标纸上绘制 $\lg K - \lg \Delta p$ 关系曲线，求出 s。

（4）实验结果分析与讨论。

八、思考题

（1）板框过滤机的优缺点是什么？适用于什么场合？

（2）板框压滤机的操作分哪几个阶段？

（3）为什么过滤开始时，滤液常常有点浑浊，而过段时间后才变清？

（4）影响过滤速率的主要因素有哪些？当在某一恒压下所测得 K、q_e、τ_e 的值后，若将过滤压强提高一倍，上述三个值将有何变化？

实验四　空气-水蒸气套管换热实验

一、实验目的

(1)了解间壁式传热元件,掌握给热系数测定的实验方法;

(2)掌握热电阻测温的方法,观察水蒸气在水平管外壁上的冷凝现象;

(3)学会给热系数测定的实验数据处理方法,了解影响给热系数的因素和强化传热的途径。

二、实验原理

在工业生产过程中,大量情况下,冷、热流体系通过固体壁面(传热元件)进行热量交换,称为间壁式换热。如图 4-5 所示,间壁式传热过程由热流体对固体壁面的对流传热、固体壁面的热传导和固体壁面对冷流体的对流传热所组成。

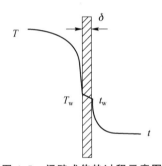

图 4-5　间壁式传热过程示意图

在不考虑热损失的情况下,达到传热稳定时,有

$$Q_{热流体放热}=Q_{冷流体吸热}$$

即：
$$q_{m1}c_{p1}(T_1-T_2)=q_{m2}c_{p2}(t_2-t_1)$$

$$\alpha_1 A_1(T-T_w)_m=\alpha_2 A_2(t_w-t)_m=KA\Delta t_m \tag{4-32}$$

式中：Q——传热量,J/s;

q_{m1}——热流体的质量流率,kg / s;

c_{p1}——热流体的比热,J/(kg·℃);

T_1——热流体的进口温度,℃;

T_2——热流体的出口温度,℃;

q_{m2}——冷流体的质量流率,kg/s;

c_{p1}——冷流体的比热,J/(kg·℃);

t_1——冷流体的进口温度,℃;

t_2——冷流体的出口温度,℃;

α_1——热流体与固体壁面的对流传热系数，W/(m² · ℃)；

A_1——热流体侧的对流传热面积，m²；

$(T-T_{\mathrm{w}})_{\mathrm{m}}$——热流体与固体壁面的对数平均温差，℃；

α_2——冷流体与固体壁面的对流传热系数，W/(m² · ℃)；

A_2——冷流体侧的对流传热面积，m²；

$(t_{\mathrm{w}}-t)_{\mathrm{m}}$——固体壁面与冷流体的对数平均温差，℃；

K——以传热面积 A 为基准的总给热系数，W/(m² · ℃)；

Δt_{m}——冷热流体的对数平均温差，℃。

热流体与固体壁面的对数平均温差可由式(4-33)计算。

$$(T-T_{\mathrm{w}})_{\mathrm{m}}=\frac{(T_1-T_{\mathrm{w1}})-(T_2-T_{\mathrm{w2}})}{\ln\dfrac{T_1-T_{\mathrm{w1}}}{T_2-T_{\mathrm{w2}}}} \tag{4-33}$$

式中：T_{w1}——冷流体进口处热流体侧的壁面温度，℃；

　　　T_{w2}——冷流体出口处热流体侧的壁面温度，℃。

固体壁面与冷流体的对数平均温差可由式(4-34)计算。

$$(t_{\mathrm{w}}-t)_{\mathrm{m}}=\frac{(t_{\mathrm{w1}}-t_1)-(t_{\mathrm{w2}}-t_2)}{\ln\dfrac{t_{\mathrm{w1}}-t_1}{t_{\mathrm{w2}}-t_2}} \tag{4-34}$$

式中：t_{w1}——冷流体进口处冷流体侧的壁面温度，℃；

　　　t_{w2}——冷流体出口处冷流体侧的壁面温度，℃。

热、冷流体间的对数平均温差可由式(4-35)计算。

$$\Delta t_{\mathrm{m}}=\frac{(T_1-t_2)-(T_2-t_1)}{\ln\dfrac{T_1-t_2}{T_2-t_1}} \tag{4-35}$$

当在套管式间壁换热器中，环隙通以水蒸气，内管管内通以冷空气或水进行对流传热系数测定实验时，则由式(4-32)得内管内壁面与冷空气或水的对流传热系数。

$$\alpha_2=\frac{m_2 c_{\mathrm{p2}}(t_2-t_1)}{A_2(t_{\mathrm{w}}-t)_{\mathrm{m}}} \tag{4-36}$$

实验中测定紫铜管的壁温 t_{w1}、t_{w2} 和冷空气或水的进出口温度 t_1、t_2；实验用紫铜管的长度 l，内径 d_2，$A_2=\pi d_2 l$；冷流体的质量流量，即可计算 α_2。

然而，直接测量固体壁面的温度，尤其管内壁的温度，实验技术难度大，而且所测得的数据准确性差，带来较大的实验误差。因此，通过测量相对较易测定的冷热流体温度来间接推算流体与固体壁面间的对流给热系数就成为人们广泛采用的一种实验研究手段。

由式(4-32)，可得

$$K_2=\frac{m_2 c_{\mathrm{p2}}(t_2-t_1)}{A\Delta t_{\mathrm{m}}} \tag{4-37}$$

实验测定 m_2、t_1、t_2、T_1、T_2，并查取 $t_{\text{平均}}=\dfrac{1}{2}(t_1-t_2)$ 下冷流体对应的 c_{p2}，换热面积

A,即可由上式计算得总给热系数 K。

1)近似法求算对流给热系数 α_2

以管内壁面积为基准的总给热系数与对流给热系数间的关系为

$$\frac{1}{K}=\frac{1}{\alpha_2}+R_{S2}+\frac{bd_2}{\lambda d_m}+R_{S1}\frac{d_2}{d_1}+\frac{d_2}{\alpha_1 d_1} \tag{4-38}$$

式中:d_1——换热管外径,m;

$\quad d_2$——换热管内径,m;

$\quad d_m$——换热管的对数平均直径,m;

$\quad b$——换热管的壁厚,m;

$\quad \lambda$——换热管材料的导热系数,W/(m·℃);

$\quad R_{S1}$——换热管外侧的污垢热阻,m²·K/W;

$\quad R_{S2}$——换热管内侧的污垢热阻,m²·K/W。

用本装置进行实验时,管内冷流体与管壁间的对流给热系数为几十到几百 W/(m²·K);而管外为蒸汽冷凝,冷凝给热系数 α_1 可达 10^4 W/(m²·K)左右,非常大,因此冷凝传热热阻 $\frac{d_2}{\alpha_1 d_1}$ 可忽略;同时蒸汽冷凝较为清洁,因此换热管外侧的污垢热阻 $R_{S1}\frac{d_2}{d_1}$ 也可忽略。实验中的传热元件材料采用紫铜,导热系数为 383.8W/(m·K),壁厚为 2.5 mm,因此换热管壁的导热热阻 $\frac{bd_2}{\lambda d_m}$ 可忽略。若换热管内侧的污垢热阻 R_{S2} 也忽略不计,则由式(4-37)得

$$\alpha_2 \approx K \tag{4-39}$$

由此可见,被忽略的传热热阻与冷流体侧对流传热热阻相比越小,此法所得的数据准确性就越高。

2)冷流体质量流量的测定

实验中,以孔板流量计测冷流体的流量,则

$$q_{m2}=\rho q_v \tag{4-40}$$

式中,q_v 为冷流体进口处流量计读数;ρ 为冷流体进口温度下对应的密度。

3)冷流体物性与温度的关系式

在 0～100 ℃,冷流体的物性与温度的关系有如下拟合公式。

空气的密度与温度的关系式:

$$\rho=10^{-5}t^2-4.5\times10^{-3}t+1.291\,6 \tag{4-41}$$

空气的比热与温度的关系式:60 ℃以下 $c_p=1\,005$ J/(kg·℃),

$$70\ ℃以上\ c_p=1\,009\ J/(kg·℃)。$$

空气的导热系数与温度的关系式:

$$\lambda=-2\times10^{-8}t^2+8\times10^{-5}t+0.024\,4 \tag{4-42}$$

空气的黏度与温度的关系式:

$$\mu=(-2\times10^{-6}t^2+5\times10^{-3}t+1.716\,9)\times10^{-5} \tag{4-43}$$

三、实验装置与流程

1)实验装置

实验装置如图 4-6 所示。

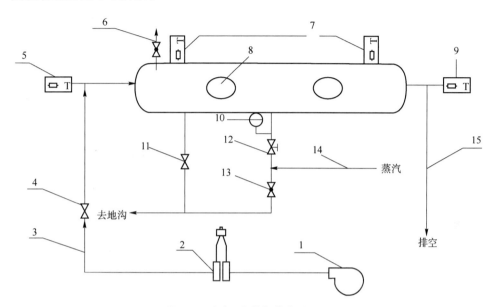

图 4-6　空气-水蒸气换热流程图

1—风机；2—孔板流量计；3—冷流体管路；4—冷流体进口阀；5—冷流体进口温度检测；6—不凝气体放空阀；

7—蒸汽温度检测装置；8—视镜；9—冷流体出口温度检测；10—压力表；11—冷凝水排净阀；

12—蒸汽进口阀；13—入口蒸汽放空阀；14—蒸汽进口管路；15—冷流体出口管路

来自蒸汽发生器的水蒸气经管路 14 和 7 进入不锈钢套管换热器的环隙，与来自风机的空气在套管换热器内进行热交换。冷凝水经阀 11 和阀 13 排入地沟。冷空气依次经孔板流量计、冷流体进口阀 4 进入套管换热器内管（紫铜管），热交换后经管路 15 排出。

2)设备与仪表规格

(1)紫铜管规格：$\phi 21$ mm×2.5 mm，长度 $L=1\,000$ mm；

(2)外套不锈钢管规格：$\phi 100$ mm×5 mm，长度 $L=1\,000$ mm；

(3)铂热电阻及无纸记录仪温度显示；

(4)全自动蒸汽发生器及蒸汽压力表。

四、实验步骤与注意事项

1)实验步骤

(1)实验准备：

①打开控制面板上的总电源开关，打开仪表电源开关，使仪表通电，观察仪表显示是否正常。

②实验用蒸汽准备。先在蒸汽发生器中灌满清水,然后开启发生器电源,使水处于加热状态。待蒸汽压力达到一定值(机器已内置)后,系统会自动处于保温状态。

③打开控制面板上的风机电源开关,启动风机,在 c1000 仪表上面给输出一个开度,按功能键,找到 MV 值,通过调节增加和减少键来改变它的开度大小,通常在手动状态下运行系统,如果要采用自动方式,在 MV 的这个界面上长按左移键进行手自动切换,然后给出设定值 SV 一个数值,通过调节 PID 参数(长按确认键,进入密码输入界面,按确认键进入系统组态画面,通过左右移动键选择控制菜单,在按确认键进入通过调节 PID 数值,让它对应达到一个稳态)。同时打开冷流体进口阀,令套管换热器里通一定流量的空气。

④打开两个冷凝水放净阀,系统内残留的冷凝水。

⑤系统预热:仔细调节蒸汽阀的开度,控制蒸汽压力不超过 0.01 MPa,让蒸汽慢慢流入系统中,使系统由"冷态"逐渐转变为"热态",此预热时间不得少于 10 min,以防不锈钢管换热器因突然受热、受压而爆裂。

(2)实验步骤:

①自动调节冷空气进口流量时,可通过组态软件或者仪表调节风机转速频率来改变冷流体的流量到一定值,在每个流量条件下,均须待热交换过程稳定后记录实验数值。依次从大到小调节空气流量,再次稳定后读取所有应测数据,数据应不少于 10 组,且应合理分布。

②记录 10 组实验数据后,可结束实验。先关闭蒸汽发生器,关闭蒸汽进口阀,关闭仪表电源,待系统逐渐冷却后关闭风机电源,待冷凝水流尽,关闭冷凝水出口阀,关闭总电源。待蒸汽发生器内的水冷却后将水排尽。

2)注意事项

(1)先打开冷凝水排空阀,注意只开一定的开度,开得太大会使换热器里的蒸汽跑掉,开得太小会使换热不锈钢管里的蒸汽压力增大而导致不锈钢管炸裂。

(2)一定要在套管换热器内管输以一定量的空气后,方可开启蒸汽阀门,且必须在排除蒸汽管线上原先积存的冷凝水后,方可把蒸汽通入套管换热器中。

(3)刚开始通入蒸汽时,要仔细调节蒸汽进口阀的开度,让蒸汽徐徐流入换热器中,逐渐加热,由"冷态"转变为"热态",不得少于 10 min,以防止不锈钢管因突然受热、受压而爆裂。

(4)操作过程中,蒸汽压力必须控制在 0.02 MPa(表压)以下,以免造成对装置的损坏。

(5)确定各参数时,必须是在稳定传热状态下,随时注意蒸汽量的调节和压力表读数的调整。

五、实验原始数据记录表格

实验原始数据记录表格见表 4-13。

表 4-13   实验原始数据

序号	空气流量 q_V /(m³·h⁻¹)	空气入口温度 t_1 /℃	空气出口温度 t_2 /℃	蒸汽入口温度 T_1 /℃	蒸汽出口温度 T_2 /℃
1					

序号	空气流量 q_v /(m³·h⁻¹)	空气入口温度 t_1 /℃	空气出口温度 t_2 /℃	蒸汽入口温度 T_1 /℃	蒸汽出口温度 T_2 /℃
2					
3					
4					
5					
6					
7					
8					
9					
10					

六、实验报告

(1)计算冷流体给热系数的实验值。

(2)根据冷流体给热系数的准数式：$Nu/Pr^{0.4}=ARe^m$，由实验数据作图拟合曲线方程，确定式中常数 A 及 m。

(3)以 $\ln(Nu/Pr^{0.4})$ 为纵坐标，$\ln Re$ 为横坐标，将处理实验数据的结果标绘在图上，并与教材中的经验式 $Nu/Pr^{0.4}=0.023Re^{0.8}$ 比较。

七、思考题

(1)实验中冷流体和蒸汽的流向，对传热效果有何影响？

(2)在计算空气质量流量时所用到的密度值与求雷诺数时的密度值是否一致？它们分别表示什么位置的密度，应在什么条件下进行计算？

(3)实验过程中，冷凝水不及时排走，会产生什么影响？如何及时排走冷凝水？如果采用不同压强的蒸汽进行实验，对 α 关联式有何影响？

实验五　填料塔吸收传质系数测定实验

一、实验目的

(1)了解填料塔吸收装置的基本结构及流程;

(2)掌握填料塔流体力学特性;

(3)掌握填料吸收塔的吸收总传质系数的测定方法。

二、实验内容

(1)测定干填料层及两种不同液体喷淋密度下单位床层压降 $\Delta p/Z$ 与空塔气速 u 的关系曲线,并确定液泛气速;

(2)测量在固定气体流量、不同液体喷淋密度时,用水吸收空气-CO_2 混合气体中 CO_2 的总传质单元数 N_{OL} 和体积吸收系数 K_{xa}。

三、基本原理

1)填料塔流体力学性能的测定

填料塔通常采用圆柱形塔体,在塔内,填料装填在栅板式填料支承装置上形成填料层,装置采用了金属丝网波纹填料。气体一般由塔的下方进入,通过支撑板向上通过填料层;液体入塔后通过塔上方的分布器均匀喷洒在填料层上,在填料表面形成液膜,并使从塔底上升的气体增强湍动,为气液接触传质提供良好的条件。

填料塔传质性能好坏与操作条件密切相关,该方面性能的直接体现就是填料塔的流体力学特性,包括填料层压强降和液泛规律。气体通过单位高度填料层的压降 $\Delta p/Z$ 与空塔气速 u 的关系可表示为:

$$\Delta p/Z = u^n \tag{4-44}$$

在双对数坐标中 $(\Delta p/Z)-u$ 应为一条直线,直线斜率为 n。$(\Delta p/Z)-u$ 关系曲线受喷淋密度影响,对干填料层,n 值为 1.8～2.0,在有喷淋液时,随喷淋量增加,n 值增加,最大可达到 10 左右。在 n 取值较大时,随空塔气速增加,床层压降迅速增加,直至造成液泛,破坏操作。测定填料层 $(\Delta p/Z)-u$ 曲线成为控制操作气速和喷淋密度的必要前提。

本实验以水和空气为介质,通过测定干填料以及不同液体喷淋密度下的压降与空塔气速,了解填料塔的压降与空塔气速的关系以及不同液体流量下的液泛点。

2)体积吸收系数 K_{xa} 的测定

气体吸收是典型的传质过程之一。吸收过程是依据气相中各溶质组分在液相中溶解度的不同而分离气体混合物的单元操作。在化学工业中,吸收操作广泛用于气体原料净化、有用组分回收、产品制备和废气治理等方面。本实验采用水作为吸收剂,用于吸收空气中的 CO_2 组分。该实验是为了让同学们了解工厂处理含 CO_2 废气并合理绿色排放的过程;同时理解气液传质的过程和传质系数测定的方法。由于 CO_2 在水中的溶解度很小,所以吸收的计算方法可按低浓度气体吸收过程来处理,并且此体系 CO_2 气体的吸收过程属于液膜控制。因此,本实验主要测定传质单元数 N_{OL} 和体积吸收系数 $K_x a$。

填料塔在特定条件下的吸收能力可以填料层的体积吸收系数表示。在满足低浓度吸收假定,塔正常逆流操作时,填料层高度 Z 的计算式可表示为:

$$Z = H_{OL} \cdot N_{OL} = \frac{L}{K_x a} \cdot \frac{x_{出} - x_{入}}{\Delta x_m} \tag{4-45}$$

式中:L——通过单位面积床层的液体流量(液流密度),$kmol/(m^2 \cdot s)$;

　　$x_入$、$x_出$——入、出塔的液相摩尔分率,无因次;

　　H_{OL}——液相传质单元高度,m;

　　N_{OL}——液相传质单元数,无因次;

　　$K_x a$——液相体积传质系数,$kmol/(m^3 \cdot s)$。

液相传质平均推动力 Δx_m 的计算式为:

$$\Delta x_m = \frac{\Delta x_入 - \Delta x_出}{\ln \dfrac{\Delta x_入}{\Delta x_出}} \tag{4-46}$$

$$\Delta x_入 = x_入^* - x_入 = y_出/m - x_入 \tag{4-47}$$

$$\Delta x_出 = x_出^* - x_出 = y_入/m - x_出 \tag{4-48}$$

本实验的平衡关系可写成:

$$y = mx \tag{4-49}$$

式中:m——相平衡常数,$m = H/p$,kPa;

　　H——亨利系数,$E = f(t)$,kPa,根据液相温度由附录 1 中表 1-3 查得;

　　p——总压,$101.3\ kPa$,取 1 atm。

测定吸收塔稳态操作时进出塔的气体流量和液体流量,根据床层直径 D 可计算气、液流密度 G、L。本实验采用转子流量计测得空气和水的流量,并根据实验条件(温度和压力)和有关公式换算成空气和水的摩尔流量。

测定塔顶和塔底气相组成 $y_出$、$y_入$,根据物料衡算计算 $x_入$、$x_出$。对清水而言,$x_入 = 0$,由全塔物料衡算式(4-50)可得 $x_出$。

$$G(y_入 - y_出) = L(x_出 - x_入) \tag{4-50}$$

计算出 N_{OL} 之后,根据填料层高度 Z 和式(4-46),即可得到总体积吸收系数 $K_x a$。

四、实验装置及流程

1)装置流程

实验装置流程图和装置图如图 4-7 和图 4-8 所示。

吸收剂水从自来水水源经水箱由水泵送入填料塔塔顶,由喷头喷淋在填料顶层。由风机送来的空气和由 CO_2 钢瓶来的 CO_2 混合后,一起进入气体混合罐,然后再进入塔底,与水在塔内进行逆流接触,进行质量和热量的交换,由塔顶出来的尾气放空,由于本实验为低浓度气体的吸收,所以热量交换可略,整个实验过程看成是等温操作。

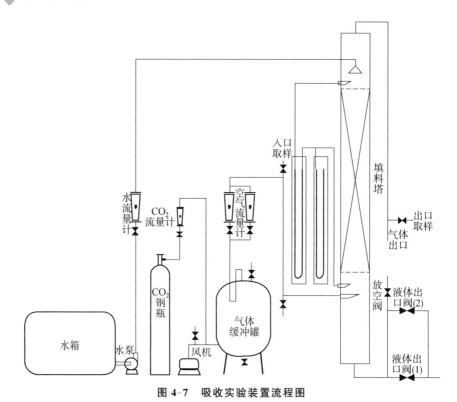

图 4-7 吸收实验装置流程图

图 4-8 吸收实验装置图

2)主要设备参数

(1)吸收塔:高效填料塔,塔径 100 mm,塔内装有金属丝网波纹规整填料,填料层总高度 2 000 mm。塔顶有液体初始分布器,塔中部有液体再分布器,塔底部有栅板式填料支承装置。填料塔底部有液封装置,以避免气体泄漏。

(2)填料规格和特性:金属丝网波纹规整填料:型号 JWB－700Y,规格 ϕ100 mm×100 mm,比表面积 700 m^2/m^3。

(3)转子流量计:

参数如表 4-14 所示。

表 4-14　转子流量计参数

介质	条　件			
	最大流量	最小刻度	标定介质	标定条件
CO_2	8 L/min	0.2 L/min	空气	20 ℃,1.013 3×10^5 Pa
空气	4 m^3/h	0.5 m^3/h	空气	20 ℃,1.013 3×10^5 Pa
空气	25 m^3/h	2.5 m^3/h	空气	20 ℃,1.013 3×10^5 Pa
水	1 000 L/h	1 00 L/h	水	20 ℃,1.013 3×10^5 Pa

(4)空气风机:旋涡式气泵。

(5)CO_2 钢瓶。

(6)奥氏分析仪。

五、实验步骤与注意事项

1)实验步骤

(1)熟悉实验流程及弄清奥氏分析仪操作方法(见附录 2)。

(2)打开混合罐底部排空阀,放掉空气混合贮罐中的冷凝水,然后关闭该阀门。

(3)打开仪表电源开关及风机电源开关,进行仪表自检。

(4)测定干填料层$(\Delta p/Z)-u$ 关系曲线。全开气体旁路阀后,启动鼓风机,利用空气流量计组合调节进塔的空气流量,按空气流量从小到大的顺序读取填料层压降 Δp、空气静压力及空气温度;在对空气流量进行校正后,在双对数坐标纸上以空塔气速 u 为横坐标,以单位填料层高度上的压降 $\Delta p/Z$ 为纵坐标,绘制干填料层压降关系曲线。

(5)测量一定喷淋液流量下填料层$(\Delta p/Z)-u$ 关系曲线。缓慢增大气速直至接近液泛,使填料充分润湿,然后降低到预定气速,在水喷淋量分别为 0.5 m^3/h 和 0.8 m^3/h 条件下进行测定,采用上述相同方法读取空气流量、空气静压力、空气温度和填料层压降数据,绘制湿填料层压降关系曲线。

(6)测定液相总传质单元数 N_{OL} 和液相总体积吸收系数 $K_x a$。打开 CO_2 钢瓶总阀,并缓慢调节钢瓶的减压阀。选择适宜的空气流量和水流量,建议水流量 0.6 m^3/h。空气取液泛流量的 75%,建议为 3 m^3/h。调整混合气体中 CO_2 的摩尔分率为 0.1,可根据空气流量计读数,调节 CO_2 流量为 5 L/min。系统达到稳定后,同时读取各流量计读数,塔内压力与气液温度,并分别在塔进出口抽取气体样品,注意取样时尽量不要破坏塔内稳定。

（7）用奥氏分析仪或红外传感器测定样品气体浓度。使用奥氏分析仪时,必须先熟悉图示奥式分析仪的组成及原理,明确各旋塞的通向及功能,检查系统是否漏气。

（8）实验完毕,先关闭水转子流量计、进水阀门,再关闭 CO_2 转子流量计和钢瓶,最后关闭空气转子流量计及风机电源开关,先关水再关气的目的是防止液体从进气口倒压破坏管路及仪器,清理实验仪器和实验场地。

2）注意事项

（1）固定好操作参数后,应随时注意调整以保持各量不变;

（2）在填料塔操作条件改变后,需要有较长的稳定时间,一定要等到稳定以后方能读取有关数据;

（3）接近液泛时,进塔空气量应小幅增加,密切观察填料表面气液接触状况,并注意填料层压降变化幅度,此时压降很难达到稳定,因此读取数据和调节空气量的动作要快;

（4）液泛后填料层压降会明显上升,此时应注意避免气速过大导致过分液泛。

六、实验报告

（1）将原始数据列表,如表 4-15 至表 4-17 所示:

实验日期:_____   实验人员:_____   学号:_____

实验仪器与参数:_____

_____

_____

表 4-15 干填料层的压降关系实验原始数据

序号	气体流量 /(m³·h⁻¹)	U 形压差计 1 /(mm H₂O)	U 形压差计 2 /(mm H₂O)	气体温度 /℃
1				
2				
3				
4				
5				
6				
7				
8				
9				
10				
11				
12				
13				
14				
15				

表 4-16　一定喷淋液流量下的压降关系实验原始数据

序号	气体流量 /(m³·h⁻¹)	气体温度 /℃	U 形压差计 1 /(mm H₂O)	U 形压差计 2 /(mm H₂O)	液体流量 /(L·h⁻¹)	液体温度 /℃
1						
2						
3						
4						
5						
6						
7						
8						
9						
10						
11						
12						
13						
14						
15						

表 4-17　吸收传质系数的测量原始数据

二氧化碳气体流量/(L·min⁻¹)	
混合气体流量/(m³·h⁻¹)	
混合气体温度/℃	
吸收液流量/(L·h⁻¹)	
吸收液温度/℃	
U 形压差计 1/(mm H₂O)	
U 形压差计 2/(mm H₂O)	
塔顶尾气浓度	
塔底入口处混合气体浓度	
吸收剂入口处浓度	
吸收尾液浓度	

（2）在双对数坐标纸上以 u 为横坐标，$(\Delta p/Z)$ 为纵坐标作图，标绘干填料层和一定喷淋液流量下 $(\Delta p/Z)-u$ 关系曲线，确定液泛点。

（3）依据气体浓度测定的数据，计算总传质单元数和总体积吸收系数。

七、思考题

（1）本实验中，为什么塔底要有液封？液封高度如何控制？

（2）测定 $K_x a$ 有什么工程意义？

（3）为什么二氧化碳吸收过程属于液膜控制？

（4）当气体温度和液体温度不同时，应用什么温度计算亨利系数？

实验六　筛板式精馏塔实验

一、实验目的

(1)熟悉板式精馏塔的结构、性能与操作；

(2)掌握不同操作条件下全塔效率的测定方法；

(3)了解精馏操作中各项操作因素之间的关系与相互影响。

二、实验内容

(1)测定精馏塔在全回流条件下稳定操作后的全塔理论塔板数和总板效率；

(2)测定精馏塔在部分回流条件下稳定操作后的全塔理论塔板数和总板效率。

三、实验原理

对于二元物系，如已知其汽液平衡数据，则根据精馏塔的原料液组成、进料热状况、操作回流比及塔顶馏出液组成、塔底釜液组成可以求出该塔的理论板数 N_T。按照式(4-51)可以得到总板效率 E_T，其中 N_P 为实际塔板数。

$$E_T = \frac{N_T}{N_P} \times 100\% \tag{4-51}$$

部分回流时，进料热状况参数的计算式为：

$$q = \frac{c_{pm}(t_b - t_F) + r_m}{r_m} \tag{4-52}$$

式中：t_F——进料温度，℃；

t_b——进料的泡点温度，℃；

c_{pm}——进料液体在平均温度$(t_F + t_b)/2$ 下的比热，kJ/(kmol·℃)；

r_m——进料液体在其组成和泡点温度下的汽化潜热，kJ/kmol；

$$c_{pm} = c_{P1}M_1x_1 + c_{P2}M_2x_2 \tag{4-53}$$

$$r_m = r_1M_1x_1 + r_2M_2x_2 \tag{4-54}$$

式中：c_{P1}, c_{P2}——分别为纯组分 1 和组分 2 在平均温度下的比热，kJ/(kg·℃)；

r_1, r_2——分别为纯组分 1 和组分 2 在泡点温度下的汽化潜热，kJ/kg；

M_1, M_2——分别为纯组分 1 和组分 2 的摩尔质量，kJ/kmol；

x_1, x_2——分别为纯组分 1 和组分 2 在进料中的摩尔分率。

四、实验装置

1)实验设备流程图

精馏实验装置流程图如图 4-9 所示。

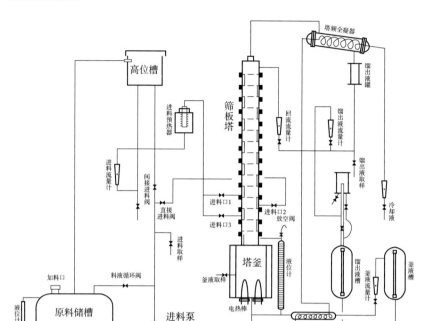

图 4-9　精馏实验装置流程图

2)实验设备主要技术参数

精馏塔实验装置结构参数如表 4-18 所示。

表 4-18　精馏塔实验装置结构参数

名称	直径/mm	板数/块	板型、孔径/mm	材质
塔体	$\phi 76 \times 3.5$	15	筛板 2.0	不锈钢
塔釜	$\phi 220 \times 2$			不锈钢
塔顶冷凝器	$\phi 89 \times 3.5$			不锈钢
塔釜冷凝器	$\phi 76 \times 3.5$			不锈钢

3)实验仪器及试剂

(1)实验物系:乙醇-正丙醇;

(2)实验物系纯度要求:化学纯或分析纯;

(3)实验物系平衡关系如表 4-19 所示;

(4)实验物系浓度要求:15%～25%(乙醇质量百分数),浓度分析使用阿贝折光仪,折光指数与溶液浓度的关系如表 4-20 所示。

表 4-19　乙醇-正丙醇 t-x-y 关系(以乙醇摩尔分率表示,x-液相,y-气相)

t	97.60	93.85	92.66	91.60	88.32	86.25	84.98	84.13	83.06	80.50	78.38
x	0	0.126	.188	0.210	0.358	0.461	0.546	0.600	0.663	0.884	1.0
y	0	0.240	0.318	0.349	0.550	0.650	0.711	0.760	0.799	0.914	1.0

表 4-20　温度-折光指数-液相组成之间的关系

	0	0.050 52	0.099 85	0.197 4	0.295 0	0.397 7	0.497 0	0.599 0
25 ℃	1.382 7	1.381 5	1.379 7	1.377 0	1.375 0	1.373 0	1.370 5	1.368 0
30 ℃	1.380 9	1.379 6	1.378 4	1.375 9	1.375 5	1.371 2	1.369 0	1.366 8
35 ℃	1.379 0	1.377 5	1.376 2	1.374 0	1.371 9	1.369 2	1.367 0	1.365 0
	0.644 5	0.710 1	0.798 3	0.844 2	0.906 4	0.950 9	1.000	
25 ℃	1.360 7	1.365 8	1.364 0	1.362 8	1.361 8	1.360 6	1.358 9	
30 ℃	1.365 7	1.364 0	1.362 0	1.360 7	1.359 3	1.358 4	1.357 4	
35 ℃	1.363 4	1.362 0	1.360 0	1.359 0	1.357 3	1.365 3	1.355 1	

　　30 ℃下质量分率与阿贝折光仪读数之间关系也可按下列回归式计算：

$$W = 58.844\ 116 - 42.613\ 25 \times n_D \tag{4-55}$$

其中：W 为乙醇的质量分率；n_D 为折光仪读数（折光指数）；通过质量分率求出摩尔分率（x_A），公式如下：乙醇分子量 $M_A = 46$；正丙醇分子量 $M_B = 60$。

$$x_A = \frac{\dfrac{W_A}{M_A}}{\dfrac{W_A}{M_A} + \dfrac{1 - W_A}{M_B}} \tag{4-56}$$

五、实验方法及步骤

1）实验前检查准备工作

（1）将与阿贝折光仪配套使用的超级恒温水浴调整运行到所需的温度（30 ℃），将取样用容器、注射器、镜头纸准备好；

（2）将前一次实验时留存在塔釜、塔顶、塔底产品接受器内的料液倒回原料液储罐中循环使用，液位应达到液位计 1/2 以上，否则应补充料液（质量浓度 20％左右的乙醇-正丙醇混合液）；

（3）接通电源，打开仪表，检查所有阀门应处于关闭状态，做好实验准备；

（4）开启加料泵，利用直接进料阀，并选择一加料口向塔内加料至液位高度 45°左右，加料时应打开塔釜放空阀，加完关闭所有阀。

2）实验操作

（1）全回流操作：

①全开进冷凝器的冷却水开关，用自来水龙头调节流量（100 L/h 即可）；

②打开塔釜加热开关，控制加热电压不超过 100 V，实验中，根据实际情况，可适当增减加热电压；

③加热过程中注意观察塔内及塔顶变化，待塔顶馏出液罐液位达到 2/3 时，开启回流流

量计阀门,实现全回流;

④当各块塔板上鼓泡均匀后,保持加热釜电压不变,在全回流情况下稳定 20 min 左右,其间要随时观察塔内传质情况直至操作稳定,记录进料温度、塔顶和塔底温度以及加热电压等各项数据,然后分别在塔顶、塔釜取样口用 30 mL 三角瓶同时取样,通过阿贝折射仪分析样品浓度。

(2)部分回流操作:

①打开间接进料阀门和进料泵,调节转子流量计,以 2.0～3.0(L/h)的流量向塔内加料,同时开启塔顶与塔底出料,调节回流比为 $R=4$,馏出液收集在塔顶液回收罐中。

②待操作稳定后,观察塔板上传质状况,记下加热电压、塔顶和塔釜温度等有关数据,整个操作中维持进料流量计读数不变,分别在塔顶、塔釜和进料三处取样,用折光仪分析其浓度并记录下进塔原料液的温度。

(3)实验结束:

①取好实验数据并检查无误后可停止实验,此时关闭进料阀门和加热开关,关闭回流比调节器开关。

②停止加热后,待系统明显降温后,再关闭冷却水,将储槽液体倒回储液罐,关闭电源,结束实验。

3)阿贝折射仪使用说明

(1)每次测定之前须将进光棱镜的毛面,折射棱镜的抛光面及标准试样的抛光面,用无水酒精与乙醚(1∶1)的混合液和脱脂棉花轻擦干净,以免留有其他物质,影响成相清晰度和测量准确度。

(2)接通恒温水槽,把恒温器的温度调节到所需测量温度,待温度稳定 10 min 后,即可测量。

(3)测量时,应使用样品清洗取样针头,利用针头将样品从棱镜组侧面小孔中加入,要求液层均匀,充满视场,无气泡。打开遮光板,合上反射镜,调节目镜视度,使十字线成相清晰,此时旋转手轮并在目镜视场中找到明暗分界线的位置,再旋转手轮使分界线不带任何彩色,微调手轮,使分界线位于十字线的中心,再适当转动聚光镜,此时目镜视场下方显示的示值即为被测液体的折射率。

六、实验注意事项

(1)由于实验所用物系属易燃物品,所以实验中要特别注意安全,操作过程中避免洒落以免发生危险。

(2)本实验设备加热功率由仪表自动调节,注意控制加热升温要缓慢,以免发生爆沸(过冷沸腾)使釜液从塔顶冲出。若出现此现象应立即断电,重新操作。升温和正常操作过程中釜的电功率不能过大。

(3)开车时要先接通冷却水再向塔釜供热,停车时操作反之。

(4)检测浓度使用阿贝折光仪。读取折光指数时,一定要同时记录测量温度并按给定的折光指数-质量百分浓度-测量温度关系(表 4-16)测定相关数据。

(5)为便于对全回流和部分回流的实验结果(塔顶产品质量)进行比较,应尽量使两组实验的加热电压及所用料液浓度相同或相近。

七、实验原始数据记录表格

实验原始数据记录见表 4-21。

表 4-21　精馏实验原始数据记录表格

实际塔板数:15	实验物系:乙醇—正丙醇		折光仪分析温度:30 ℃	
折光指数 n	全回流:$R=\infty$		部分回流:$R=$　　　进料量:　　　L/h 进料温度:　　　℃　塔底出料:　　　L/h 塔顶出料:　　　L/h　回流:　　　L/h	
	塔顶馏出液	塔釜液	塔顶馏出液	塔釜液	进料液
1					
2					
3					

八、实验报告

(1)计算 x_D 和 x_W,图解法求出全回流条件下的理论板数,计算全塔效率;

(2)根据物系的 $t-x-y$ 关系,确定部分回流条件下进料的泡点温度,求出进料的热状况参数 q,并根据 x_F,x_D 和 x_W 确定操作线,图解法或逐板计算法求出部分回流条件下的理论板数,计算全塔效率;

(3)比较全回流和部分回流条件下得到的实验结果,并进行讨论。

实验七　干燥特性曲线测定实验

一、实验目的

(1)了解洞道式干燥装置的基本结构、工艺流程和操作方法。
(2)掌握恒定干燥条件下物料干燥曲线和干燥速率曲线的测定方法。
(3)掌握恒定干燥条件下恒速阶段对流传热系数和传质系数的测定方法。

二、实验内容

(1)测定恒定干燥条件下干燥曲线和干燥速率曲线,确定临界含水量和恒速干燥速率。
(2)测定恒速干燥阶段空气与物料间的对流传热系数和传质系数。

三、实验原理

在设计干燥器的尺寸或确定干燥器的生产能力时,被干燥物料在给定干燥条件下的干燥速率、临界湿含量和平衡湿含量等干燥特性数据是最基本的技术依据参数。由于实际生产中的被干燥物料的性质千变万化,因此对于大多数具体的被干燥物料而言,其干燥特性数据常常需要通过实验测定。

按干燥过程中空气状态参数是否变化,可将干燥过程分为恒定干燥条件操作和非恒定干燥条件操作两大类。若用大量空气干燥少量物料,则可以认为湿空气在干燥过程中温度、湿度均不变,再加上气流速度、与物料的接触方式不变,则称这种操作为恒定干燥条件下的干燥操作。

1)干燥速率的定义

干燥速率定义为单位干燥面积(提供湿分汽化的面积)、单位时间内所除去的湿分质量,即:

$$U=\frac{\mathrm{d}W}{A\mathrm{d}\tau}=-\frac{G_{\mathrm{c}}\mathrm{d}X}{A\mathrm{d}\tau} \tag{4-57}$$

式中,U——干燥速率,又称干燥通量,$\mathrm{kg/(m^2 \cdot s)}$;

　　A——干燥表面积,$\mathrm{m^2}$;

　　W——汽化的湿分量,kg;

　　τ——干燥时间,s;

　　G_{c}——绝干物料的质量,kg;

　　X——物料湿含量,kg 湿分/kg 干物料,负号表示随干燥时间的增加而减少。

2)干燥速率的测定方法

将湿物料试样置于恒定空气流中进行干燥实验,随着干燥的进行,水分不断汽化,湿物料质量减少。若记录物料不同时刻时湿物料的质量 G,直到物料质量不变为止,也就是物料在该条件下达到干燥极限为止,此时留在物料中的水分就是平衡水分 X^*。再将物料烘干后称重得到绝干物料重 G_C,则物料中瞬间含水率 X 为:

$$X = \frac{G - G_C}{G_C} \qquad (4\text{-}58)$$

计算出每一时刻的瞬间含水率 X,然后将 X 对干燥时间 τ 作图,如图 4-10 所示,即为干燥曲线。

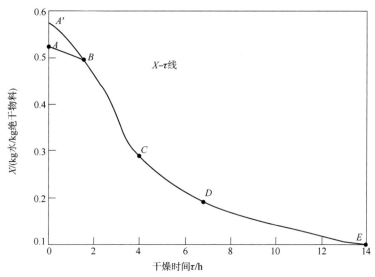

图 4-10　恒定干燥条件下的干燥曲线

上述干燥曲线还可以变换得到干燥速率曲线。由已测得的干燥曲线求出不同 X 下的斜率 $\dfrac{\mathrm{d}X}{\mathrm{d}\tau}$,再由式(4-57)计算得到干燥速率 U,将 U 对 X 作图,即得干燥速率曲线,如图 4-11 所示。恒速干燥阶段的干燥速率 U_C 可以由干燥速率曲线读出。

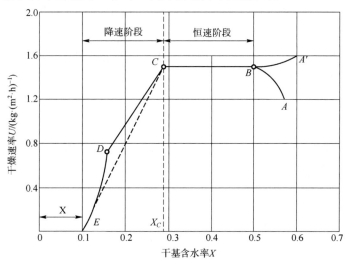

图 4-11　恒定干燥条件下的干燥速率曲线

3）干燥过程分析

（1）预热段：见图 4-10、图 4-11 中的 AB 段或 $A'B$ 段。物料在预热段中,含水率略有下降,温度则升至湿球温度 t_w,干燥速率可能呈上升趋势变化,也可能呈下降趋势变化。预热段经历的时间很短,通常在干燥计算中忽略不计,有些干燥过程甚至没有预热段。

（2）恒速干燥阶段：见图 4-10、图 4-11 中的 BC 段。该段物料水分不断汽化,含水率不断下降。但由于这一阶段去除的是物料表面附着的非结合水分,水分去除的机理与纯水的相同,故在恒定干燥条件下,物料表面始终保持为湿球温度 t_w,传质推动力保持不变,因而干燥速率也不变。于是,在图 4-11 中,BC 段为水平线。只要物料表面保持足够湿润,物料的干燥过程就处于恒速阶段。而该段的干燥速率大小取决于物料表面水分的汽化速率,亦即取决于物料外部的空气干燥条件,故该阶段又称为表面汽化控制阶段。

（3）降速干燥阶段：随着干燥过程的进行,物料内部水分移动到表面的速度赶不上表面水分的汽化速率,物料表面局部出现"干区",尽管这时物料其余表面的平衡蒸汽压仍与纯水的饱和蒸汽压相同,传质推动力也仍为湿度差,但以物料全部外表面计算的干燥速率因"干区"的出现而降低,此时物料中的含水率称为临界含水率,用 X_C 表示,对应图 4-11 中的 C 点,称为临界点。过 C 点以后,干燥速率逐渐降低至 D 点,C 至 D 阶段称为降速第一阶段。

干燥到点 D 时,物料全部表面都成为干区,汽化面逐渐向物料内部移动,汽化所需的热量必须通过已被干燥的固体层才能传递到汽化面;从物料中汽化的水分也必须通过这层干燥层才能传递到空气主流中。干燥速率因热、质传递的途径加长而下降。此外,在点 D 以后,物料中的非结合水分已被除尽。接下去所汽化的是各种形式的结合水,因而,平衡蒸汽压将逐渐下降,传质推动力减小,干燥速率也随之较快地降低,直至到达点 E 时,速率降为零。这一阶段称为降速第二阶段。

降速阶段干燥速率曲线的形状随物料内部的结构而异,不一定都呈现前面所述的曲线 CDE 形状。对于某些多孔性物料,可能降速两个阶段的界限不是很明显,曲线好像只有 CD 段;对于某些无孔性吸水物料,汽化只在表面进行,干燥速率取决于固体内部水分的扩散速率,故降速阶段只有类似 DE 段的曲线。

与恒速阶段相比,降速阶段从物料中除去的水分量相对少许多,但所需的干燥时间却长得多。总之,降速阶段的干燥速率取决于物料本身结构、形状和尺寸,而与干燥介质状况关系不大,故降速阶段又称物料内部迁移控制阶段。

4）对流传热系数和传质系数的计算

恒速干燥阶段,物料表面和空气间的传热及传质过程与湿球温度计类似,对流传热速率

$$\frac{dQ}{A d\tau} = \alpha(t - t_w) \tag{4-59}$$

水分自物料表面汽化的速率 $\qquad \dfrac{dW}{A d\tau} = k_H(H_w - H) \tag{4-60}$

并且空气传给湿物料的显热恰好等于水分汽化所需的热量,即:

$$dQ = r_w dW \tag{4-61}$$

将以上各式代入式(4-57)式中,可得恒速干燥阶段的干燥速率:

$$U_C = k_H(H_w - H) = \frac{\alpha}{r_w}(t - t_w) \tag{4-62}$$

式中,α——空气至湿物料的对流传热系数,$W/(m^2 \cdot ℃)$;

　　k_H——以湿度差为推动力的传质系数,$kg/(m^2 \cdot s)$;

　　r_w——水在湿球温度 t_w 时的汽化潜热,kJ/kg;

　　H_w——湿空气在温度为 t_w 下的饱和湿度,kg 水/kg 干气;

　　H——空气的湿度,kg 水/kg 干气。

因此,对流传热系数和传质系数的计算公式分别为:

$$\alpha = \frac{U_C r_w}{t - t_w} \tag{4-63}$$

$$k_H = \frac{U_C}{H_w - H} \tag{4-64}$$

根据热空气的干球温度 t 和相对湿度 φ 可计算出湿度 H:

$$H = 0.622 \frac{\varphi p_s}{p - \varphi p_s} \tag{4-65}$$

式中,p_s——干球温度下水的饱和蒸汽压,kPa;

　　p——总压,kPa。

根据 t 和 φ 或 t 和 H,可由空气的温度-湿度(t-H)图或者焓-湿(I-H)图查出相应的湿球温度 t_w,再根据 t_w 查取 r_w。

H_w 的计算公式为:

$$H_w = 0.622 \frac{p_w}{p - p_w} \tag{4-66}$$

式中,p_w——湿球温度下水的饱和蒸汽压,kPa。

四、实验装置及流程

干燥特性曲线测定装置流程图和实验装置图如图 4-12 和图 4-13 所示。鼓风机将新鲜空气送入系统,经孔板流量计计量流量并经电加热器加热,经均布器进入洞道与湿物料接触,一部分热空气可经循环阀返回循环使用,另一部分热空气经出口阀放空。湿物料质量由传感器或天平测量。

设备主要技术参数:鼓风机:BYF7122,370 W;电加热器:额定功率 4.5 kW;干燥室:180 mm×180 mm×1 250 mm;干燥物料:湿毛毡 90 mm×90 mm×4 mm(估计,以实际测量为准);称重传感器:SH-18 型,0~200 g;称重天平:0~500 g。

五、实验步骤

(1)提前将毛毡浸泡在水中;

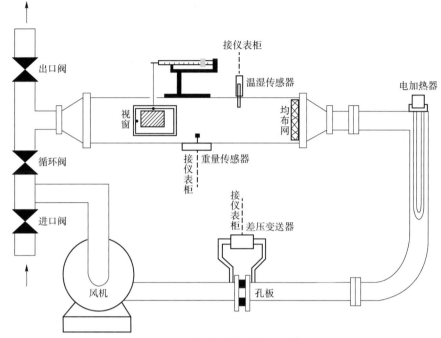

图 4-12 干燥实验装置流程示意图

图 4-13 干燥实验装置图

(2)打开实验装置的进气阀门和排气阀门,保持全开,关闭循环阀;

(3)打开仪表电源,打开风机开关,流量约为 140 m³/h;

(4)打开加热开关,长按控制面板左上角按钮,直至显示面板左下角字母由手动模式(M)变为自动模式(A),在此模式下通过"增加"和"减少"按键,设置加热温度(SV 值)为 70.0 ℃;

(5)观察干球温度计(读取 PV 值)、湿球温度计(实际显示值为相对湿度,%)以及流量值,当达到稳定后,从水中取出湿毛毡,试样控水至无水珠滴下,装入干燥洞道支架托上或挂在天平钩上。注意应迅速开关观察窗门。

(6)启动秒表开始计时,利用天平或者传感器减重计时,即按一定的减重重量记录所需时间,建议失重 0.5～1 g,直至重量不再变化为止。后期若发现时间间隔较长而减少的重量达不到要求,则可减少减重重量,记录实际所需的时间,也可固定时间间隔,记录重量的变化。

(7)待毛毡恒重时,即为实验终了时。关闭加热,戴上隔热手套,取下毛毡,用电子天平称重,用直尺测量表面积(侧面可忽略不计)。

(8)关闭风机,切断总电源,整理实验设备。

六、实验注意事项

(1)实验中不能有水滴从毛毡上滴下。

(2)用隔热手套放取毛毡,防止烫伤。

(3)必须先开风机,后开加热器,防止加热管被烧坏。停止时,关闭加热器后应待加热部分冷却以后再关风机。

(4)实验过程中,若采用天平称重,应注意连杆不要接触连通孔器壁。

(5)天平和传感器读数均不是真实重量,需要用电子天平校正。

七、实验原始数据记录表格

(1)实验原始数据记录表格,如表 4-22 所示。

实验日期:＿＿＿＿＿＿　　实验人员:＿＿＿＿＿＿　　学号:＿＿＿＿＿＿

绝干物料质量:＿＿＿＿＿＿＿＿＿＿　　干球温度:＿＿＿＿＿＿＿＿＿＿

干燥表面积:＿＿＿＿＿＿＿＿＿＿　　相对湿度:＿＿＿＿＿＿＿＿＿＿

表 4-22　实验原始数据

序号	时间/min	湿物料重量/g	序号	时间/min	湿物料重量/g
1			18		
2			19		
3			20		
4			21		
5			22		
6			23		
7			24		
8			25		
9			26		
10			28		
11			28		
12			29		
13			30		
14			31		
15			32		
16			33		
17			34		

序号	时间/min	湿物料重量/g	序号	时间/min	湿物料重量/g
35			43		
36			44		
37			45		
38			46		
39			47		
40			48		
41			49		
42			……		

（2）根据原理部分的公式，计算各时间下的物料湿含量 X 和干燥速率 U，如表 4-23 所示。

表 4-23　实验处理数据

序号	物料湿含量 /(kg·kg^{-1})	干燥速率 /[kg·(m^2·s)$^{-1}$]	序号	物料湿含量 /(kg·kg^{-1})	干燥速率 /[kg·(m^2·s)$^{-1}$]
1			26		
2			27		
3			28		
4			29		
5			30		
6			31		
7			32		
8			33		
9			34		
10			35		
11			36		
12			37		
13			38		
14			39		
15			40		
16			41		
17			42		
18			43		
19			44		
20			45		
21			46		
22			47		
23			48		
24			49		
25			……		

八、实验报告

(1)绘制干燥曲线；

(2)根据干燥曲线绘制干燥速率曲线；

(3)读取物料的临界湿含量和恒速干燥阶段的干燥速率；

(4)计算恒速阶段的对流传热系数和传质系数；

(5)对实验结果进行分析讨论。

九、思考题

(1)什么是恒定干燥条件？本实验装置中采用了哪些措施来保持干燥过程在恒定干燥条件下进行？

(2)恒速和降速干燥阶段速率的控制因素分别是什么？

(3)为什么要先启动风机,再启动加热器？

(4)实验过程中干球温度和湿球温度是否变化,为什么？

(5)如何判断实验已经结束？

(6)若加大热空气流量,干燥速率曲线有何变化？ 恒速干燥速率、临界湿含量又如何变化,为什么？

附　　录

附录 1　有关物料的物性数据

1. 精馏塔实验中乙醇和正丙醇体系 $t-x-y$ 关系

精馏塔实验中乙醇和正丙醇体系 $t-x-y$ 关系如附表 1-1 所示。

附表 1-1　乙醇-正丙醇体系 $t-x-y$ 关系（以乙醇摩尔分率表示，x 一液相，y 一气相 ）

t	97.60	93.85	92.66	91.60	88.32	86.25	84.98	84.13	83.06	80.50	78.38
x	0	0.126	0.188	0.210	0.358	0.461	0.546	0.600	0.663	0.884	1.0
y	0	0.240	0.318	0.349	0.550	0.650	0.711	0.760	0.799	0.914	1.0

折光率与组成关系如附表 1-2 所示。

附表 1-2　温度-折光指数-液相组成之间的关系

	0	0.050 52	0.099 85	0.197 4	0.295 0	0.397 7	0.497 0	0.599 0
25 ℃	1.382 7	1.381 5	1.379 7	1.377 0	1.375 0	1.373 0	1.370 5	1.368 0
30 ℃	1.380 9	1.379 6	1.378 4	1.375 9	1.375 5	1.371 2	1.369 0	1.366 8
35 ℃	1.379 0	1.377 5	1.376 2	1.374 0	1.371 9	1.369 2	1.367 0	1.365 0

	0.644 5	0.710 1	0.798 3	0.844 2	0.906 4	0.950 9	1.000
25 ℃	1.360 7	1.365 8	1.364 0	1.362 8	1.361 8	1.360 6	1.358 9
30 ℃	1.365 7	1.364 0	1.362 0	1.360 7	1.359 3	1.358 4	1.357 4
35 ℃	1.363 4	1.362 0	1.360 0	1.359 0	1.357 3	1.365 3	1.355 1

30 ℃下质量分率与阿贝折光仪读数之间关系也可按下列回归式计算：

$$W = 58.844\ 116 - 42.613\ 25 \times n_D$$

式中：W 为乙醇的质量分率；n_D 为折光仪读数（折光指数）；通过质量分率求出摩尔分率（X_A），公式如下：乙醇分子量 $M_A = 46$；正丙醇分子量 $M_B = 60$。

$$X_A = \dfrac{\dfrac{W_A}{M_A}}{\dfrac{W_A}{M_A} + \dfrac{1-(W_A)}{M_B}}$$

2. CO_2 在水中的亨利系数

CO_2 在水中的亨利系数如附表 1-3 所示。

附表 1-3　CO_2 在水溶液中的相平衡系数 $H \times 10^2$ 值　　　　（单位：kPa）

温度/℃	0	5	10	15	20	25	30	35	40	45	50	60
CO_2	737	890	1 060	1 240	1 440	1 650	1 880	2 120	2 360	2 600	2 870	3 450

附录 2　奥式分析仪的使用方法

首先熟悉图示奥式分析仪的组成及原理(附图 2-1),明确各旋塞的通向及功能,检查系统是否漏气,建议在备用仪进行试做。操作步骤如下:

(1)准备:打开一只吸收瓶旋塞,调节旋塞 5,使量气瓶与该吸收瓶联通,利用平衡瓶,将吸收瓶液位调至上端细脖颈(切记吸收瓶与量气瓶中液位始终不要超过上端细脖颈),关闭相应旋塞;最后,切换旋塞 5,将量气瓶液位调至上端细脖颈处,然后使旋塞 5 通向取气方向。

(2)洗涤梳型:管吸气口连接样气,打开旋塞 1,吸取少量样气,切换旋塞 5 的方向,排出已吸取的样气,然后切换旋塞 5 的方向。

(3)取气:再次吸取样气至接近量气管量程,关闭旋塞 1,准确读取样气体积,注意读数时平衡瓶液位应与量气管内液位等高。

(4)吸收:选择一只吸收瓶,打开相应旋塞,利用平衡瓶,将已吸取的样气赶入吸收瓶,再吸回量气瓶,反复三次(切记吸收瓶液位不要超过上端细脖颈)。

(5)读数:将吸收瓶液位复原,在量气筒中读取吸收后的液位,记录减少的体积,计算相应体积分率。

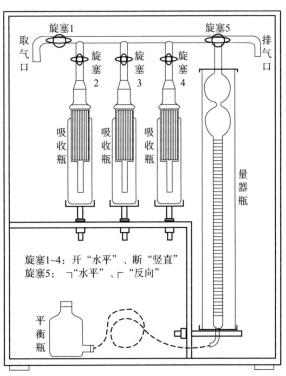

附图 2-1　奥式分析仪结构示意图

附录 3　阿贝折射仪的使用方法

阿贝折射仪是能测定透明、半透明液体或固体的折射率和平均色散的仪器(其中以测透明液体为主),如仪器上接恒温器,则可测定温度为 0 ~ 70 ℃内的折射率。折射率和平均色散是物质的重要光学常数之一,能借以了解物质的光学性能、纯度及色散等。实物如附图 3-1 所示。

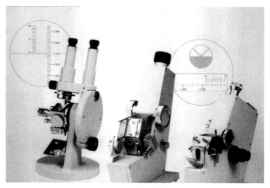

附图 3-1　阿贝折射仪

1. 技术参数

(1)折射率测量范围:1.300 0~1.700 0。

(2)准确度:±0.000 02。

(3)蔗糖溶液质量分数(锤度 Brix)读数范围:0~95%。

(4)仪器外形尺寸:100 mm×200 mm×240 mm。

(5)仪器质量:2.6 kg。

2. 操作方法

1)准备工作

(1)在开始测定前,必须先用标准试样校对读数。对折射棱镜的抛光面加 1~2 滴溴萘,再贴上标准试样的抛光面,当读数视场指示于标准试样上之值时,观察望远镜内明暗分界线是否在十字线中间,若有偏差则用螺丝刀微量旋转图七上小孔内的螺钉,带动物镜偏摆,使分界线像位移至十字线中心,通过反复的观察与校正,使示值的起始误差降至最小(包括操作者的瞄准误差)。校正完毕后,在以后的测定过程中不允许随意再动此部位。如果在日常的工作中,对所测量的折射率示值有怀疑时,可按上述方法用标准试样进行检验,查验是否有起始误差,并进行校正。

(2)每次测定工作之前及进行示值校准时必须将进光棱镜的毛面,折射棱镜的抛光面及标准试样的抛光面,用无水酒精与乙醚(1∶4)的混合液和脱脂棉花轻擦干净,以免留有其他物质,影响成像清晰度和测量精度。

2)测定工作

(1)测定透明半透明液体;

(2)阿贝折射仪测定透明固体;

(3)测定半透明固体;

(4)测量蔗糖的糖量浓度;

(5)阿贝折射仪测定平均色散值;

(6)若需测量在不同温度时的折射率,将温度计旋入温度计座中,接上恒温器通水管,把恒温器的温度调节到所需测量温度,接通循环水,待温度稳定 10 min 后,即可测量。

3)使用方法

(1)仪器安装:将阿贝折射仪放在光亮处,但应避免阳光的直接照射,以免液体试样受热迅速蒸发。用超级恒温槽将恒温水通入棱镜夹套内,检查棱镜上温度计的读数是否符合要求[一般选用(20.0±0.1)℃或(25.0±0.1)℃]。

(2)加样:旋开测量棱镜和辅助棱镜的闭合旋钮,使辅助棱镜的磨砂斜面处于水平位置,若棱镜表面不清洁,可滴加少量丙酮,用擦镜纸顺单一方向轻擦镜面(不可来回擦)。待镜面洗净干燥后,用滴管滴加数滴试样于辅助棱镜的毛镜面上,迅速合上辅助棱镜,旋紧闭合旋钮。若液体易挥发,动作要迅速,或先将两棱镜闭合,然后用滴管从加液孔中注入试样(注意切勿将滴管折断在孔内)。

(3)调光:转动镜筒使之垂直,调节反射镜使入射光进入棱镜,同时调节目镜的焦距,使目镜中十字线清晰明亮。调节消色散补偿器使目镜中彩色光带消失。再调节读数螺旋,使明暗的界面恰好同十字线交叉处重合。

(4)读数:从读数望远镜中读出刻度盘上的折射率数值。常用的阿贝折射仪可读至小数点后的第四位,为了使读数准确,一般应将试样重复测量三次,每次相差不能超过 0.000 2,然后取平均值。

附录 4　温度、压力、流量的测量

一、流量的测量

1. 常用的流量计

1) 变压头流量计

孔板式流量计和文丘里管流量计是基本的变压头流量计,在生产过程中大量使用,目前实验室仍在使用。这种流量计结构简单,造价低廉,适用范围广,工作可靠。但是需要有一个压差计测量两个已知流动截面之间的压差,再经过计算得到体积流量。工作原理是机械能守恒,在不考虑机械能损失时计算得到的体积流量称为理论流量,实际流量可表示为流量系数 C 乘以理论流量。

2) 变截面流量计

转子流量计是基本的变截面流量计,比节流式流量计使用起来要方便得多。基本工作原理是浮子在锥形筒中处于静力平衡时,浮子下方的流体流速始终保持定值。流量较大时,浮子处于锥形筒中过流截面较大的位置;流量较小时,浮子处于锥形筒中过流截面较小的位置。

转子流量计在出厂时已经用标准介质在标准条件下标定出体积流量刻度。缺点是通常的玻璃筒转子流量计耐压性能受到限制。高压时不使用玻璃筒,增加浮子位置变换机构,结构复杂。尽管如此,在中、低压和温度不是很高时,仍不失为一种比较理想的测量方法。气体流量计的标定介质是空气,液体流量计的标定介质是清水,标定条件都是 20 ℃ 和标准大气压。所以在标定条件下用于非标定介质的测量时,需要对密度进行校正。在非标定条件下测量标定介质时,需要对温度和压力的影响进行校正。在非标定条件下测量非标定介质时,则需要进行双重的校正。

3) 涡轮式流量计

涡轮式流量计的结构相对复杂,包括两端的轴承和涡轮,以及测速涡轮转速的装置。它是以动量守恒定律为基础设计的测量仪表,当有流体流经涡轮时,受到四个力矩的共同作用,即流动的流体施加到涡轮叶片上的主动力矩、流体的黏滞作用阻止涡轮转动的阻力矩、轴承的机械摩擦产生的阻力矩以及涡轮转动时感生的涡流与测速组件之间的电磁阻力矩。主动力矩与阻力矩都随着流量的增大而增大,当合力矩为零时,角加速度为零,涡轮做等速转动。由此建立起涡轮的角速度与流体体积流量之间的关系。一般而言,涡轮流量计的测量精度较高,对流量变化的响应快。

2. 使用注意事项

在非标定条件下使用流量计时,一般需要进行校正。另外玻璃筒转子流量计常因使用不当,受撞击而损坏,应特别注意。

1）变压头流量计

改变测量介质时,流量计应重新标定。使用 U 形管压差计时,注意在流量控制阀处于最小开度时启动泵或者风机,以免 U 形管中的指示液在启动时被冲出,影响实验。

2）转子流量计

测量气体的转子流量计,是厂家在工业标准状态下用空气标定出厂的。测量液体的转子流量计,是厂家在常温下用水标定出厂的。如果待测流体的种类、工作温度和压强与标定情况不一致,需要对转子流量计的读数进行修正。

转子流量计必须竖直安装,倾角要小于 2°,否则会引起较大测量误差。

在使用玻璃筒转子流量计时,必须在流量计控制阀关闭或最小开度时（如气体流量的分路调节）启动泵或者风机。玻璃筒受金属转子撞击时,破碎的概率很高,所以一定要牢记,以免造成财产损失和人身伤害。

3）涡轮式流量计

对于同一种介质,操作条件偏离标定条件不远时,可以不必校正;改变测量介质时,流量计需要重新标定。

二、温度的测量

1. 常用的温度计

1）玻璃管液体温度计

玻璃管液体温度计是利用液体的体积与温度之间的关系,用毛细管内液体上升的高度来指示被测温度。玻璃管液体温度计结构简单,使用方便,测量精度较高。工作液体多使用水银和酒精,封装时充入惰性气体,以防止液柱断开。

2）热电偶温度计

电偶是由两种不同的导体在两端相连接组成的回路。两种导体之间的接触电势随温度的变化而变化,同一种导体的两端温度不同时也会产生温差电势。当组成电偶的两种导体一定时,回路中的电势由电偶两连接点的温度差决定,在电势与温度差之间建立起确定的关系。用来测定温度差的电偶称作热电偶。在热电偶回路中接入测量电势的仪表就组成热电偶温度计。多数热电偶的电势与温度差之间成近似线性关系。热电偶温度计测量精度较高。使用时稍微麻烦一点,需要提供一个冷端参考温度以及测量电势的外加电路。这类温度计一般经过仪表换算输出摄氏温度值,也可以把电压信号输出到其他模数转换接口进行处理或显示。

3）热电阻温度计

利用导体或半导体的电阻值与温度之间的确定关系制作的温度计。它也需要外加电路来测量电阻,比如用标准电压源测电流或用标准电流源测电压,但是不需要提供参考温度,热电阻温度计测量精度较高。这类温度计一般经过仪表换算输出摄氏温度值,也可以把电压信号输出到其他模数转换接口进行处理或显示。

4)双金属片温度计

双金属片温度计制作成表盘指针形式。双金属片结合成一体,一端固定,另一端自由。由于不同金属的热膨胀系数的差异而产生弯曲变形,带动指针的位移。这种温度计结构简单,使用方便,但测量精度不高。

5)压力表式温度计

压力表式温度计的工作原理与机械式压力表相同。被封装在测温元件内的液体或气体,在定容条件下当温度变化时压力随之变化,带动与弹性元件相连接的指针的位移。这种温度计结构也比较简单,但测量精度不高。

2. 使用注意事项

一般而言,首先要选择符合测量范围和测量精度的温度计。其次应保证温度计的热敏元件与被测介质有良好的接触。若使用接触式温度计测量固体壁面的温度则需要设置适当的结构,选择导热系数大、热稳定性好的液体作为媒介,在被测固体与测温包之间建立起热平衡。玻璃温度计如果加了护套,则在被测介质与温度计之间达到热平衡就需要较长的时间。要持续观察一段时间,确定指示值已不再变化。使用配备标准冷端的热电偶温度计时,确保电极浸泡在冰水混合物中。在使用玻璃水银温度计时应多加小心,万一破碎了要立即进行处理,用硫粉覆盖洒出的水银,并轻轻翻动以促进其反应。将反应后的硫化汞及剩余的硫粉回收,交废药、废液回收站处理,以免污染环境,损害健康。

三、压强的测量

1. 常用的压强计

1)液柱压强计

液柱压强计是基于流体静力学原理设计的,精度较高,结构比较简单,不仅可用于测量流体某点的表压强,也可用于测量两点之间的压强差。常见的液柱压强计有:U 形管压差计、单管式压强计、倾斜式压差计、倒 U 形管压差计、双液柱压差计等。

(1)U 形管压差计。

U 形管压差计是用一根粗细均匀的玻璃管弯制而成,也可用两根粗细相同的玻璃管做成连通器形式,内装有液体作为指示液,U 形管压差计两端连接到两个测压点,当 U 形管压差计两边的压强不同时,U 形管两边的液面会产生高度差,据此测量得到压强差。使用 U 形管压差计时,应注意先装入指示液,约装至高度的一半处,不得夹有气泡。压差计连接导管中通常有气泡,因此每次使用前都要进行排气。

(2)单管式压强计。

单管式压强计是 U 形管压差计的变形,是用一只大直径的杯代替 U 形管压差计的一根管,测量原理与 U 形管压差计相同,具有读数方便的优点,误差比 U 形管压差计小。

(3)倒 U 形管压差计。

倒 U 形管压差计指示液为空气,一般用于流体压差小的场合。使用的时候也要排气,它的操作原理与 U 形管压差计相同。

（4）倾斜式压差计。

倾斜式压差计是把 U 形管压差计或单管压差计的玻璃管与水平方向做 a 角度倾斜，它使读数放大了 $1/\sin a$ 倍。

（5）双液柱压差计。

双液柱压差计也称微压差计，一般用于测量气体压强差的场合。

2）弹簧管压强计

弹簧管压强计是工业上应用最广泛的一种测压仪表，它的测量元件是一根圆弧的椭圆形截面的空心金属管，管子的自由端封闭，管子的另一端固定在接头上，与测压点相连。当测压点受压后，此管发生弹性形变，伸直或收缩，此位移量由封闭的一端带动机械传动装置使指针显示相应的压强值。该压强计用于测量正压时，称为压力表，测量负压时，称为真空表。

2. 使用注意事项

1）选用压强计

（1）预先了解工作介质的压强大小、变化范围以及对测量精度的要求，据此选择适当量程和精度级的测量仪表。

（2）预先了解工作介质的物性和状态，如黏度大小、是否具有腐蚀性、温度高低和清洁程度等。

（3）了解周围环境情况，如温度、湿度、振动的情况，以及是否存在腐蚀性气体等。

（4）压强信息是否需要远距离传输或记录等。

2）选择测压点

测压点必须尽量选在受流体流动干扰最小的地方，如在管线上测压，测压点应该选在距离流体上游的管线弯头、阀门或其他障碍物较远的地方。

3）测压孔口的影响

由于在管道面上开设了测压孔，当流体流过孔时，其流线向孔内弯曲，并在孔内引起旋涡，不可避免地扰乱了它所在处流体的流动情况，因此，从测压孔引出的静压强和流体真实的静压强存在偏差，实验研究证实孔径尺寸越大，流线弯曲越严重，偏差也越大。

4）正确安装和使用压强计

（1）在安装液柱式压强计时，要注意安装的垂直度。

（2）在使用液柱式压强计时，必须做好引压导管的排气工作，读数时视线应与分界面的弯月面相切。

（3）引压导管是测压管或测压孔和压强计之间的连接管道，不应过长，全部导管应密封良好，无渗漏现象。

（4）在测压点处应该安装切断阀门，以便于引压导管和压强计的拆修。对于量程较小或精度级较高的压强计，切断阀门可防止压强的突然冲击或过载。

（5）无论使用何种形式的测压仪表，在被测的最大压强与仪表的最大量程之间必须留有充分的余地。

附录5 实验报告的格式

1. 实验预习报告

《＿＿＿＿＿＿＿＿》**实验预习报告**

院系：＿＿＿＿＿＿　专业：＿＿＿＿＿＿　年级：＿＿＿＿＿＿　班号：＿＿＿＿＿＿

同组成员姓名/学号：＿＿＿＿＿＿＿＿＿＿＿＿＿＿＿＿＿＿＿＿＿＿＿＿＿＿＿＿

指导教师签字：＿＿＿＿＿＿＿　时间：＿＿＿＿＿＿＿　成绩：＿＿＿＿＿＿＿

实验名称＿＿＿＿＿＿＿＿＿＿＿

一、实验目的（10 分）

（教学大纲、教材提供的目的和你自己预期的目的。）

二、实验原理和方法（20 分）

（要求详细报告你自学后认为的实验方法或反应机理，并说明它们与你打算使用的操作程序的关系。）

三、仪器、材料与试剂（20 分）

（1）（要求写明你可能使用到的仪器的型号、生产厂家等信息。）

（2）（主要试剂的物理常数，需要的用量、规格及预处理）（使用三线式表格，如表 1 所示。）

表 1　实验主要试剂

名称	规格	用量	性质	危险特性	注意事项	应急处理方法

四、实验操作步骤及流程（30 分）

（1）（此处要求报告你计划的主要操作步骤，不能照抄讲义内容，并绘制各步实验装置图。）；

（2）（绘制实验流程图。）

五、讨论（20 分）

（你认为的实验注意事项，你的小组成员的意见分歧，讨论结果及预案。）

2.实验记录报告

《　　　　　　　　　》实验记录报告

院系：＿＿＿＿＿＿　专业：＿＿＿＿＿＿　年级：＿＿＿＿＿＿　班号：＿＿＿＿＿＿

同组成员姓名/学号：＿＿＿＿＿＿＿＿＿＿＿＿＿＿＿＿＿＿＿＿＿＿＿＿＿＿＿

指导教师签字：＿＿＿＿＿＿＿　时间：＿＿＿＿＿＿＿　成绩：＿＿＿＿＿＿＿

实验名称＿＿＿＿＿＿＿＿＿＿＿＿

一、实验原料（10 分）

（列出主要的试剂原料的名称、规格、生产厂家、用量等信息。）

二、实验前准备（20 分）

（实验准备包括实验装置搭建、原料预处理等。按照实验要求，记录实验前需要开展的操作过程及其客观现象。）

三、实验操作过程（50 分）

（按照你进行实验的实际操作程序客观地记录你的操作过程，不能照抄实验讲义的内容，同时对应记录你的每一种操作或反应过程中出现的客观现象，如表 2 所示。）

表 2　实验操作过程

过程	操作内容与现象	备注

四、实验后处理（20 分）

（详细记录实验结束后设备、药品、产品、废弃物等处理过程及客观现象，如表 3 所示。）

表 3　实验结束后操作内容与现象

时间	操作内容与现象	备注

3. 实验总结报告

《 　　　　　　　　　　》实验总结报告

院系：＿＿＿＿＿＿＿ 专业：＿＿＿＿＿＿＿ 年级：＿＿＿＿＿＿ 班号：＿＿＿＿＿＿

同组成员姓名/学号：＿＿＿＿＿＿＿＿＿＿＿＿＿＿＿＿＿＿＿＿＿＿＿＿

指导教师签字：＿＿＿＿＿＿＿ 时间：＿＿＿＿＿＿＿ 成绩：＿＿＿＿＿＿＿

实验名称＿＿＿＿＿＿＿＿＿＿＿

一、实验目的（5分）

（教学大纲、教材、教师提供的目的和你自己预期的目的。）

二、实验原理和方法（10分）

（要求写明实验方法或反应机理，并说明它们与你所使用的操作程序的关系。）

三、仪器、材料与试剂（10分）

（1）（要求写明你可能使用到的仪器的型号、生产厂家等信息。）

（2）（主要试剂的物理常数，需要的用量、规格及预处理；使用三线式表格，如表4所示。）

表 4　实验主要试剂

名称	规格	用量	生产厂家	预处理方法

四、实验数据及处理过程（20）

（要求写明具体实验获得的数据及其处理过程。）

五、结果与讨论（50分）

（主要谈实验者对整个实验的评价或体会，有什么新的发现和不同见解、质疑、建议等，对实验中正常或异常现象及其原因的分析，经验总结、实验改进措施。）

（讨论是实验者发挥创造性思维的园地，实验者不仅应当善于操作，还应当善于发现，善于总结与提高。）

六、参考文献（5分）

附录6　实验报告的实例

化工实验教学中心
《 化工原理实验 》课程实验报告

实验名称：　　空气-蒸汽给热系数测定

姓　　名：　　×××

学　　院：　　×××

专　　业：　　×××

年　　级：　　×××

学　　号：　　×××

报告1

<h1>《空气-蒸汽给热系数测定》实验预习报告</h1>

院系：＿＿＿＿＿＿ 专业：＿＿＿＿＿＿ 年级：＿＿＿＿＿＿ 班号：＿＿＿＿＿＿

同组成员姓名/学号：＿＿＿＿＿＿＿＿＿＿＿＿＿＿＿＿＿＿＿＿＿＿＿＿＿＿

指导教师签字：＿＿＿＿＿＿＿＿ 时间：＿＿＿＿＿＿＿ 成绩：＿＿＿＿＿＿

一、实验目的（10分）

（1）了解间壁式传热元件，掌握给热系数测定的实验方法；

（2）掌握热电阻测温的方法，观察水蒸气在水平管外壁上的冷凝现象；

（3）学会给热系数测定的实验数据处理方法，了解影响给热系数的因素和强化传热的途径。

二、实验原理和方法（20分）

在工业生产过程中，大量情况下，冷、热流体系通过固体壁面（传热元件）进行热量交换，称为间壁式换热。如图1所示，间壁式传热过程由热流体对固体壁面的对流传热，固体壁面的热传导和固体壁面对冷流体的对流传热所组成。

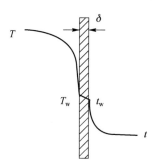

图1　间壁式传热过程示意图

在不考虑热损失的情况下，达到传热稳定时，有

$$Q_{热流体放热} = Q_{冷流体吸热}$$

即：

$$q_{m1} c_{p1} (T_1 - T_2) = q_{m2} c_{p2} (t_2 - t_1)$$

所以

$$\alpha_1 A_1 (T - T_w)_m = \alpha_2 A_2 (t_w - t)_m = KA\Delta t_m \qquad (1)$$

热流体与固体壁面的对数平均温差可由式（2）计算。

$$(T - T_w)_m = \frac{(T_1 - T_{w1}) - (T_2 - T_{w2})}{\ln \dfrac{T_1 - T_{w1}}{T_2 - T_{w2}}} \qquad (2)$$

固体壁面与冷流体的对数平均温差可由式（3）计算。

$$(t_w - t)_m = \frac{(t_{w1} - t_1) - (t_{w2} - t_2)}{\ln \dfrac{t_{w1} - t_1}{t_{w2} - t_2}} \qquad (3)$$

热、冷流体间的对数平均温差可由式（4）计算。

$$\Delta t_{\mathrm{m}} = \frac{(T_1 - t_2) - (T_2 - t_1)}{\ln \dfrac{T_1 - t_2}{T_2 - t_1}} \tag{4}$$

当在套管式间壁换热器中，环隙通以水蒸气，内管管内通以冷空气或水进行对流传热系数测定实验时，则由式（1）得内管内壁面与冷空气或水的对流传热系数。

$$\alpha_2 = \frac{m_2 c_{\mathrm{p}2}(t_2 - t_1)}{A_2 (t_{\mathrm{W}} - t)_{\mathrm{m}}} \tag{5}$$

实验中测定紫铜管的壁温 $t_{\mathrm{w}1}$、$t_{\mathrm{w}2}$ 和冷空气或水的进出口温度 t_1、t_2；实验用紫铜管的长度 l、内径 d_2，$A_2 = \pi d_2 l$；冷流体的质量流量，即可计算 α_2。

然而，直接测量固体壁面的温度，尤其管内壁的温度，实验技术难度大，而且所测得的数据准确性差，带来较大的实验误差。因此，通过测量相对较易测定的冷热流体温度来间接推算流体与固体壁面间的对流给热系数就成为人们广泛采用的一种实验研究手段。

由式（1），可得：

$$K = \frac{m_2 c_{\mathrm{p}2}(t_2 - t_1)}{A \Delta t_{\mathrm{m}}} \tag{6}$$

实验测定 m_2、t_1、t_2、T_1、T_2，并查取 $t_{平均} = \dfrac{1}{2}(t_1 + t_2)$ 下冷流体对应的 $c_{\mathrm{p}2}$，换热面积 A，即可由上式计算得总给热系数 K。

1. 近似法求算对流给热系数 α_2

以管内壁面积为基准的总给热系数与对流给热系数间的关系为：

$$\frac{1}{K} + \frac{1}{\alpha_2} + R_{\mathrm{S}2} + \frac{b d_2}{\lambda d_{\mathrm{m}}} + R_{\mathrm{S}1} \frac{d_2}{d_1} + \frac{d_2}{\alpha_1 d_1} \tag{7}$$

用本装置进行实验时，管内冷流体与管壁间的对流给热系数为几十到几百 $\mathrm{W/(m^2 \cdot K)}$；而管外为蒸汽冷凝，冷凝给热系数 α_1 可达 10^4 $\mathrm{W/(m^2 \cdot K)}$ 左右，非常大，因此冷凝传热热阻 $\dfrac{d_2}{\alpha_1 d_1}$ 可忽略；同时蒸汽冷凝较为清洁，因此换热管外侧的污垢热阻 $R_{\mathrm{S}1} \dfrac{d_2}{d_1}$ 也可忽略。实验中的传热元件材料采用紫铜，导热系数为 383.8 $\mathrm{W/(m \cdot K)}$，壁厚为 2.5 mm，因此换热管壁的导热热阻 $\dfrac{b d_2}{\lambda d_{\mathrm{m}}}$ 可忽略。若换热管内侧的污垢热阻 $R_{\mathrm{S}2}$ 也忽略不计，则由式（7）得：

$$\alpha_2 \approx K \tag{8}$$

由此可见，被忽略的传热热阻与冷流体侧对流传热热阻相比越小，此法所得的准确性就越高。

2. 冷流体质量流量的测定

实验中，以孔板流量计测冷流体的流量，则：

$$q_{\mathrm{m}2} = \rho q_{\mathrm{v}} \tag{9}$$

3. 冷流体物性与温度的关系式

(1)在 0～100 ℃之间,冷流体的物性与温度的关系有如下拟合公式。

空气的密度与温度的关系式:

$$\rho=10^{-5}t^2-4.5\times10^{-3}t+1.291\,6 \tag{10}$$

(2)空气的比热与温度的关系式:60 ℃以下 $c_p=1\,005$ J/(kg·℃),

70 ℃以上 $c_p=1\,009$ J/(kg·℃)。

(3)空气的导热系数与温度的关系式:

$$\lambda=-2\times10^{-8}t^2+8\times10^{-5}t+0.024\,4 \tag{11}$$

(4)空气的黏度与温度的关系式:

$$\mu=(-2\times10^{-6}t^2+5\times10^{-3}t+1.716\,9)\times10^{-5} \tag{12}$$

三、仪器、材料与试剂(20分)

1. 实验装置

实验装置如图 2 所示。

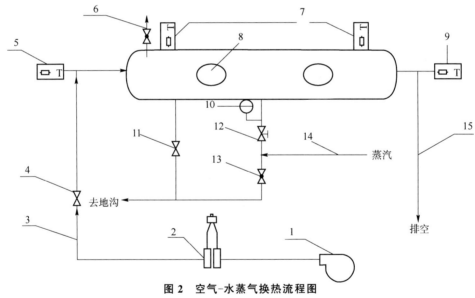

图 2　空气-水蒸气换热流程图

1—风机;2—孔板流量计;3—冷流体管路;4—冷流体进口阀;5—冷流体进口温度检测;6—不凝气放空阀;
7—蒸汽温度检测;8—视镜;9—冷流体出口温度检测;10—压力表;11—冷凝水排净阀;12—蒸汽进口阀;
13—水蒸气放空阀;14—蒸汽进口管路;15—冷流体出口管路

来自蒸汽发生器的水蒸气经管路 14 和阀 12 进入不锈钢套管换热器的环隙,与来自风机的空气在套管换热器内进行热交换,冷凝水经阀 11 排入地沟。冷空气依次经孔板流量计 2、冷流体进口阀 4 进入套管换热器内管(紫铜管),热交换后经管路 15 排出。

2. 设备与仪表规格

(1)紫铜管规格:ϕ21 mm×2.5 mm,长度 $L=1\,000$ mm;

(2)外套不锈钢管规格:ϕ100 mm×5 mm,长度 $L=1\,000$ mm;

(3)铂热电阻及无纸记录仪温度显示;

(4)全自动蒸汽发生器及蒸汽压力表。

四、实验操作步骤及流程(30分)

1.实验步骤

1)实验准备

(1)打开控制面板上的总电源开关,打开仪表电源开关,使仪表通电,观察仪表显示是否正常。

(2)实验用蒸汽准备。先在蒸汽发生器中灌满清水,然后开启发生器电源,使水处于加热状态。待蒸汽压力达到一定值(机器已内置)后,系统会自动处于保温状态。

(3)打开控制面板上的风机电源开关,启动风机,在c1000仪表上面给输出一个开度,按功能键,找到MV值,通过调节增加和减少键来改变它的开度大小,通常在手动状态下运行系统,如果要采用自动,在MV的这个界面上长按左移键进行手自动切换,然后给设定值SV一个数值,通过调节PID参数(长按确认键,进入密码输入界面,按确认键进入系统组态画面,通过左右移动键选择控制菜单,再按确认键进入通过调节PID数值,让它对应达到一个稳态)。同时打开冷流体进口阀,令套管换热器里通一定流量的空气。

(4)打开两个冷凝水放净阀,系统内残留的冷凝水。

(5)系统预热:仔细调节蒸汽阀的开度,控制蒸汽压力不超过 0.01 MPa,让蒸汽慢慢流入系统中,使系统由"冷态"逐渐转变为"热态",此预热时间不得少于 10 min,以防不锈钢管换热器因突然受热、受压而爆裂。

2)实验开始

(1)自动调节冷空气进口流量时,可通过组态软件或者仪表调节风机转速频率来改变冷流体的流量到一定值,在每个流量条件下,均须待热交换过程稳定后方可记录实验数值。依次从大到小调节空气流量,再次稳定后读取所有应测数据,数据应不少于 10 组,且应合理分布。

(2)记录 10 组实验数据后,可结束实验。先关闭蒸汽发生器,关闭蒸汽进口阀,关闭仪表电源,待系统逐渐冷却后关闭风机电源,待冷凝水流尽,关闭冷凝水出口阀,关闭总电源。待蒸汽发生器内的水冷却后将水排尽。

五、讨论(20分)

(1)先打开套管换热器的不凝气放空阀,方可开启蒸汽阀门。

(2)一定要在套管换热器内管输以一定量的空气后,方可开启蒸汽阀门。

(3)先排除蒸汽管线上原先积存的冷凝水后,方可把蒸汽通入套管换热器中。

(4)刚开始通入蒸汽时,要仔细调节蒸汽进口阀的开度,让蒸汽缓缓流入换热器中,逐渐加热,由"冷态"转变为"热态",不得少于 10 min,以防止换热管因突然受热、受压而损坏。

(5)操作过程中,蒸汽压力必须控制在 0.02 MPa(表压)以下,以免造成对装置的损坏。

(6)确定各参数时,必须是在稳定传热状态下,随时注意蒸汽量的调节和压力表读数的调整。

报告 2

《空气-蒸汽给热系数测定》实验记录报告

院系：_____ 专业：_____ 年级：_____ 班号：_____

同组成员姓名/学号：_____

指导教师签字：_____ 时间：_____ 成绩：_____

一、实验材料（10 分）

1. 设备与仪表规格

1）紫铜管规格：$\phi21$ mm×2.5mm，长度 $L=1\ 000$ mm；

2）外套不锈钢管规格：$\phi100$ mm×5 mm，长度 $L=1\ 000$ mm；

3）铂热电阻及无纸记录仪温度显示；

4）全自动蒸汽发生器及蒸汽压力表。

2. 主要试剂的物理常数，需要的用量、规格及预处理（使用三线式表格，如表 1 所示）

表 1　实验主要试剂

名称	规格	用量	性质	危险特性	注意事项	应急处理
空气			无色，无味，无毒	无	无	无
水			无色，无味，无毒	无	无	无

二、实验前准备（20 分）

充分熟悉实验装置，掌握实验操作步骤，牢记实验注意事项。

（1）先将蒸汽发生器灌满清水，然后打开发生器电源，加热水。

（2）打开控制面板上的总电源开关，打开仪器电源开关，使仪表通电。

（3）打开控制面板上的风机电源开关，启动风机。启动风机前，空气进口阀应该关闭，空气放空阀应该打开。风机启动后，全开空气进口阀，关小空气放空阀，测得最大流量。

（4）由于需要绘制双对数坐标图，希望 10 组实验数据点能够基于横坐标（lnRe）均匀分布，因此需要测出最大流量，计算出相应的雷诺数，然后取对数值，最后粗略估算需要调节的流量。

（5）缓慢打开蒸汽阀的开度，通过调节冷凝水排水阀 13 和放空阀使压力控制在 0.01 MPa 附近，让系统由冷态转化为热态，持续一定时间。

（6）打开阀 11 和阀 13，然后关闭阀 13，2 s 后开启。通过蒸汽的压力将装置内的冷凝水压出，重复几次，排净冷凝水。

三、实验操作过程（50 分）

实验操作过程记录见表 2。

表 2　实验操作过程

过程	操作内容与现象	备注
第一步	先将蒸汽发生器灌满清水,然后打开发生器电源,加热水。现象:待加热一定时间之后,自动切换到保温状态,证明传感器是正常工作的	注意:蒸汽发生器后的阀门要打开一定开度(开度过大会增加功率损耗;若完全关闭,在传感器失灵的情况下,会导致蒸汽发生器内压力过大,从而使安全阀跳闸,带来一定的安全隐患)
第二步	打开控制面板上的总电源开关,打开仪器电源开关,使仪表通电。现象:仪表正常显示,此时冷流体入口流量为零	注意控制面板上的开关
第三步	打开控制面板上的风机电源开关,启动风机。风机启动后,全开冷流体进口阀,关小空气放空阀,测得最大流量。现象:从控制面板处读得冷流体的最大流量为 15.4 m³/h	启动风机时,冷流体进口阀关闭,空气放空阀打开
第四步	由于需要绘制双对数坐标图,希望 10 组数据能够均匀分布,因此通过测出的最大流量,计算出相应的雷诺数,然后取对数值。然后粗略估算需要调节的流量	注意单位以及定性温度的大小
第五步	缓慢打开蒸汽阀的开度,通过调节阀 13 和放空阀使压力控制在 0.01 MPa 附近,让系统由冷态转化为热态,持续 10 min。现象:蒸汽压力会发生变化,因此需要注意压力表读数,随时进行调节。视镜上有水蒸气存在	一定要密切注意压力表读数,当压力表读数多大时,马上进行调节。防止超压
第六步	打开阀 11 和 13,然后关闭 13,2 s 后开启。通过蒸汽的压力将装置内的冷凝水压出,重复几次,排净冷凝水。现象:在关闭阀 13 后开启,有一股蒸气喷出	注意阀门 13 不能关闭过长时间,防止容器内超压。并保持阀 11 和阀 13 有一定的开度
第七步	通过调节冷流体进口阀的开度,根据预估的流量,使冷流体流量从大到小变化,待读数稳定后,记录数据	一定要等读数稳定之后在记录数据
第八步	实验结束后,先关闭蒸汽发生器电源,待水蒸气侧温度冷却到 80 ℃之后,关闭蒸气进口阀 12,全开冷凝水放净阀和放空阀,关闭风机电源,关闭总电源	注意待系统冷却后,再关闭风机电源。全开空气放空阀,关闭空气进口阀,全开不凝气放空阀

实验原始数据记录见表 3。

表 3　实验原始数据

序号	空气流量 q_v /(m³·h⁻¹)	空气入口温度 t_1 /℃	空气出口温度 t_2 /℃	蒸汽入口温度 T_1 /℃	蒸汽出口温度 T_2 /℃
1	14.5	17.3	72.9	102.6	102.9

序号	空气流量 q_v /(m³·h⁻¹)	空气入口温度 t_1 /℃	空气出口温度 t_2 /℃	蒸汽入口温度 T_1 /℃	蒸汽出口温度 T_2 /℃
2	10.5	18.9	75.9	102.6	103.0
3	7.9	18.6	78.3	103.0	103.1
4	5.8	18.4	80.1	103.3	103.4
5	4.3	17.5	82.1	103.7	103.8
6	3.2	16.9	83.6	103.8	103.8
7	2.4	16.7	84.5	104.3	104.3
8	1.75	16.6	84.9	103.4	103.4
9	1.35	16.2	85.1	104.7	104.7
10	0.95	16.1	85.3	104.5	104.6

四、实验后处理（20 分）

（详细记录实验结束后设备、药品、产品、废弃物等处理过程及客观现象，如表 4 所示。）

表 4　实验结束后操作内容与现象

时间	操作内容与现象	备注
实验结束	1. 实验结束后，先关闭蒸汽发生器电源； 2. 待水蒸气侧温度冷却到 80 ℃之后，关闭蒸汽进口阀 12； 3. 全开冷凝水放净阀和不凝气放空阀； 4. 全开空气放空阀，关闭空气进口阀； 5. 关闭风机电源； 6. 关闭总电源	电源指示灯灭；仪表读数持续降低，直至 80 ℃以下

报告 3

《空气-蒸汽给热系数测定》实验总结报告

院系：＿＿＿＿＿＿＿＿ 专业：＿＿＿＿＿＿＿＿ 年级：＿＿＿＿＿＿＿＿ 班号：＿＿＿＿＿＿＿＿

同组成员姓名/学号：＿＿＿＿＿＿＿＿＿＿＿＿＿＿＿＿＿＿＿＿＿＿＿＿＿＿＿＿＿＿＿

指导教师签字：＿＿＿＿＿＿＿＿ 时间：＿＿＿＿＿＿＿＿ 成绩：＿＿＿＿＿＿＿＿

一、实验目的(5 分)

(1)了解间壁式传热元件,掌握给热系数测定的实验方法;

(2)掌握热电阻测温的方法,观察水蒸气在水平管外壁上的冷凝现象;

(3)学会给热系数测定的实验数据处理方法,了解影响给热系数的因素和强化传热的途径。

二、实验原理和方法(10 分)

在工业生产过程中,大量情况下,冷、热流体系通过固体壁面(传热元件)进行热量交换,称为间壁式换热。如图 1 所示,间壁式传热过程由热流体对固体壁面的对流传热,固体壁面的热传导和固体壁面对冷流体的对流传热所组成。

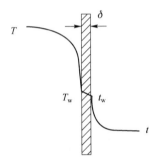

图 1　间壁式传热过程示意图

在不考虑热损失的情况下,达到传热稳定时,有

$$Q_{热流体放热} = Q_{冷流体吸热}$$

即：

$$q_{m1} c_{p1} (T_1 - T_2) = q_{m2} c_{p2} (t_2 - t_1)$$

$$\alpha_1 A_1 (T - T_w)_m = \alpha_2 A_2 (t_w - t)_m = K A \Delta t_m \tag{1}$$

热流体与固体壁面的对数平均温差可由式(2)计算。

$$(T - T_w)_m = \frac{(T_1 - T_{w1}) - (T_2 - T_{w2})}{\ln \dfrac{T_1 - T_{w1}}{T_2 - T_{w2}}} \tag{2}$$

固体壁面与冷流体的对数平均温差可由式(3)计算。

$$(t_w - t)_m = \frac{(t_{w1} - t_1) - (t_{w2} - t_2)}{\ln \dfrac{t_{w1} - t_1}{t_{w2} - t_2}} \tag{3}$$

热、冷流体间的对数平均温差可由式(4)计算。

$$\Delta t_{\mathrm{m}} = \frac{(T_1 - t_2) - (T_2 - t_1)}{\ln \dfrac{T_1 - t_2}{T_2 - t_1}} \tag{4}$$

当在套管式间壁换热器中,环隙通以水蒸气,内管管内通以冷空气或水进行对流传热系数测定实验时,则由式(1)得内管内壁面与冷空气或水的对流传热系数。

$$\alpha_2 = \frac{m_2 c_{\mathrm{p}2}(t_2 - t_1)}{A_2(t_{\mathrm{W}} - t)_{\mathrm{m}}} \tag{5}$$

实验中测定紫铜管的壁温 $t_{\mathrm{W}1}$、$t_{\mathrm{W}2}$ 和冷空气或水的进出口温度 t_1、t_2;实验用紫铜管的长度 l、内径 d_2,$A_2 = \pi d_2 l$;冷流体的质量流量,即可计算 α_2。

然而,直接测量固体壁面的温度,尤其管内壁的温度,实验技术难度大,而且所测得的数据准确性差,带来较大的实验误差。因此,通过测量相对较易测定的冷热流体温度来间接推算流体与固体壁面间的对流给热系数就成为人们广泛采用的一种实验研究手段。

由式(1),可得:

$$K = \frac{m_2 c_{\mathrm{p}2}(t_2 - t_1)}{A \Delta t_{\mathrm{m}}} \tag{6}$$

实验测定 m_2、t_1、t_2、T_1、T_2,并查取 $t_{\text{平均}} = \dfrac{1}{2}(t_1 + t_2)$ 下冷流体对应的 $c_{\mathrm{p}2}$,换热面积 A,即可由上式计算得总给热系数 K。

1. 近似法求算对流给热系数 α_2

以管内壁面积为基准的总给热系数与对流给热系数间的关系为:

$$\frac{1}{K} = \frac{1}{\alpha_2} + R_{\mathrm{S}2} + \frac{bd_2}{\lambda d_{\mathrm{m}}} + R_{\mathrm{S}1}\frac{d_2}{d_1} + \frac{d_2}{\alpha_1 d_1} \tag{7}$$

用本装置进行实验时,管内冷流体与管壁间的对流给热系数为几十到几百 W/(m² · K);而管外为蒸汽冷凝,冷凝给热系数 α_1 可达 10^4 W/(m² · K)左右,非常大,因此冷凝传热热阻 $\dfrac{d_2}{\alpha_1 d_1}$ 可忽略;同时蒸汽冷凝较为清洁,因此换热管外侧的污垢热阻 $R_{\mathrm{S}1}\dfrac{d_2}{d_1}$ 也可忽略。实验中的传热元件材料采用紫铜,导热系数为 383.8 W/(m · K),壁厚为 2.5 mm,因此换热管壁的导热热阻 $\dfrac{bd_2}{\lambda d_{\mathrm{m}}}$ 可忽略。若换热管内侧的污垢热阻 $R_{\mathrm{S}2}$ 也忽略不计,则由式(7)得:

$$\alpha_2 \approx K \tag{8}$$

由此可见,被忽略的传热热阻与冷流体侧对流传热热阻相比越小,此法所得的准确性就越高。

2. 冷流体质量流量的测定

实验中,以孔板流量计测冷流体的流量,则:

$$q_{\mathrm{m}2} = \rho q_{\mathrm{V}} \tag{9}$$

3. 冷流体物性与温度的关系式

(1)在 0～100 ℃之间,冷流体的物性与温度的关系有如下拟合公式。

空气的密度与温度的关系式:

$$\rho=10^{-5}t^2-4.5\times10^{-3}t+1.291\ 6 \tag{10}$$

(2)空气的比热与温度的关系式:60 ℃以下 $c_p=1\ 005$ J/(kg·℃),

70 ℃以上 $c_p=1\ 009$ J/(kg·℃)。

(3)空气的导热系数与温度的关系式:

$$\lambda=-2\times10^{-8}t^2+8\times10^{-5}t+0.024\ 4 \tag{11}$$

(4)空气的黏度与温度的关系式:

$$\mu=(-2\times10^{-6}t^2+5\times10^{-3}t+1.716\ 9)\times10^{-5} \tag{12}$$

三、仪器、材料与试剂(10 分)

1. 实验装置

实验装置如图 2 所示。

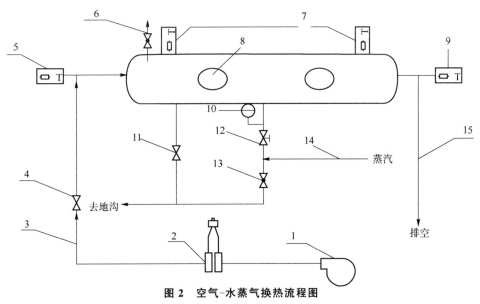

图 2　空气-水蒸气换热流程图

1—风机;2—孔板流量计;3—冷流体管路;4—冷流体进口阀;5—冷流体进口温度检测;6—不凝气放空阀;
7—蒸汽温度检测;8—视镜;9—冷流体出口温度检测;10—压力表;11—冷凝水排净阀;
12—蒸汽进口阀;13—水蒸气放空阀;14—蒸汽进口管路;15—冷流体出口管路

来自蒸汽发生器的水蒸气经管路 14 和阀 12 进入不锈钢套管换热器的环隙,与来自风机的空气在套管换热器内进行热交换,冷凝水经阀 11 排入地沟。冷空气依次经孔板流量计2、冷流体进口阀 4 进入套管换热器内管(紫铜管),热交换后经管路 15 排出。

2. 设备与仪表规格

(1)紫铜管规格:$\phi21$ mm×2.5 mm,长度 $L=1\ 000$ mm;

(2)外套不锈钢管规格:$\phi100$ mm×5 mm,长度 $L=1\ 000$ mm;

（3）铂热电阻及无纸记录仪温度显示；

（4）全自动蒸汽发生器及蒸汽压力表。

四、实验数据及处理过程（20）

实验原始数据如表 1 所示。

表 1　实验原始数据

序号	空气流量 q_v /(m³·h⁻¹)	空气入口温度 t_1 /℃	空气出口温度 t_2 /℃	蒸汽入口温度 T_1 /℃	蒸汽出口温度 T_2 /℃
1	14.5	17.3	72.9	102.6	102.9
2	10.5	18.9	75.9	102.6	103.0
3	7.9	18.6	78.3	103.0	103.1
4	5.8	18.4	80.1	103.3	103.4
5	4.3	17.5	82.1	103.7	103.8
6	3.2	16.9	83.6	103.8	103.8
7	2.4	16.7	84.5	104.3	104.3
8	1.75	16.6	84.9	103.4	103.4
9	1.35	16.2	85.1	104.7	104.7
10	0.95	16.1	85.3	104.5	104.6

1. 计算冷流体的给热系数

以第 6 组数据为例进行计算：$t_1 = 16.9$ ℃，$t_2 = 83.6$ ℃，

则：
$$t_{平均} = \frac{t_1 + t_2}{2} = \frac{16.9 + 83.6}{2} = 50.25（℃）$$

则空气的比热：
$$c_p = 1\ 005\ [J/(kg·℃)]$$
$$T_1 - t_2 = 103.8 - 83.6 = 20.2（℃）；T_2 - t_1 = 103.8 - 16.9 = 86.9（℃）$$

则对数平均温差：
$$\Delta t_m = \frac{20.2 - 86.9}{\ln\dfrac{20.2}{86.9}} = 45.72（℃）$$

传热面积：
$$A = \pi dl = 3.14 \times 0.016 \times 1 = 0.05（m^2）$$

冷流体的密度：$\rho = 10^{-5} \times 50.25^2 - 4.5 \times 10^{-3} \times 50.25 + 1.291\ 6 = 1.091（kg/m^3）$

冷流体的质量流量　$m_2 = \rho q_v = 1.091 \times 3.2/3\ 600 = 0.000\ 969\ 78（kg/s）$

则传热系数：
$$K = \frac{m_2 c_{p2}(t_2 - t_1)}{A \Delta t_m} = \frac{0.000\ 969\ 78 \times 1\ 005 \times (83.6 - 16.9)}{0.05 \times 45.72} = 28.43\ W/(m^2·℃)$$

由于 $K \approx \alpha$，因此冷流体的给热系数 $\alpha = 28.43\ W/(m^2·℃)$

其余数据用 Excel 处理可得，如表 2 所示。

表 2　实验数据处理表（一）

空气流量 q_v/(m³·h⁻¹)	空气质量流量 m_2/(kg·s⁻¹)	$T_1 - t_2$/℃	$T_2 - t_1$/℃	对数平均温差 Δt_m/℃	给热系数 α/[W·(m²·℃)⁻¹]
14.5	0.004 47	29.7	85.6	52.81	94.53

空气流量 $q_v/(\text{m}^3 \cdot \text{h}^{-1})$	空气质量流量 $m_2/(\text{kg} \cdot \text{s}^{-1})$	$T_1-t_2/℃$	$T_2-t_1/℃$	对数平均温差 $\Delta t_m/℃$	给热系数 $\alpha/[\text{W} \cdot (\text{m}^2 \cdot ℃)^{-1}]$
10.5	0.003 21	26.7	84.1	50.03	73.52
7.9	0.002 41	24.7	84.5	48.62	59.42
5.8	0.001 76	23.2	85	47.59	45.94
4.3	0.001 30	21.6	86.3	46.71	36.27
3.2	0.000 970	20.2	86.9	45.71	28.43
2.4	0.000 726	19.8	87.6	45.59	21.71
1.75	0.000 529	18.5	86.8	44.18	16.45
1.35	0.000 408	19.6	88.5	45.71	12.38
0.95	0.000 287	19.2	88.5	45.35	8.82

2. 计算冷流体的雷诺数

$$Re=\frac{\rho u d}{\mu}=\frac{\rho \dfrac{q_v}{\dfrac{\pi}{4}d^2}d}{3\ 600\mu}=\frac{\rho q_v}{900\mu\pi d}$$

3. 计算冷流体的黏度

$$\mu=(-2\times10^{-6}\times50.25^2+5\times10^{-3}\times50.25+1.716\ 9)\times10^{-5}=1.963\times10^{-5}\ \text{Pa}\cdot\text{s}$$

以第 6 组数据为例：$Re=\dfrac{1.091\times3.2}{900\times1.963\times10^{-5}\times3.14\times0.016}=3\ 933.3$

其余数据用 Excel 处理可得，如表 3 所示。

表 3　实验数据处理表（二）

冷流体流量 $q_v/(\text{m}^3 \cdot \text{h}^{-1})$	雷诺数	冷流体流量 $q_v/(\text{m}^3 \cdot \text{h}^{-1})$	雷诺数
14.5	18 347.4	3.2	3 933.3
10.5	13 112.6	1.75	2 144.3
7.9	9 806.9	1.35	1 655.1
5.8	7 167.5	0.95	1 164.4
4.3	5 297.3	2.4	2 943.3

根据冷流体给热系数的准数式：$Nu/Pr^{0.4}=ARe^m$，由实验数据作图拟合曲线方程，确定式中常数 A 及 m。

因为：$Nu/Pr^{0.4}=ARe^m$，则 $\ln\dfrac{Nu}{Pr^{0.4}}=\ln(ARe^m)=\ln A+m\ln Re$

冷流体的黏度：$\mu=(-2\times10^{-6}\times t^2+5\times10^{-3}\times t+1.716\ 9)\times10^{-5}$

空气的比热：$c_p=1\ 005\ \text{J}/(\text{kg}\cdot℃)$

空气的导热系数：$\lambda=-2\times10^{-8}\times t^2+8\times10^{5}\times t+0.024\,4$

由 Excel 计算得：在 $\dfrac{t_1+t_2}{2}$ 温度下的黏度和空气导热系数，如表 4 所示。

表 4　实验数据处理表（三）

黏度/(Pa·s)	空气导热系数/[W·(m·K)$^{-1}$]	黏度/(Pa·s)	空气导热系数/[W·(m·K)$^{-1}$]
1.938 33E−05	0.027 967 3	1.963 10E−05	0.028 369 5
1.949 41E−05	0.028 147 1	1.964 78E−05	0.028 396 8
1.954 46E−05	0.028 229 1	1.965 50E−05	0.028 408 5
1.958 30E−05	0.028 291 5	1.965 02E−05	0.028 400 7
1.960 94E−05	0.028 334 4	1.965 26E−05	0.028 404 6

以第 6 组数据为例：

$$普朗特数：Pr=\frac{c_p\mu}{\lambda}=\frac{1\,005\times1.963\times10^{-5}}{0.028\,4}=0.695\,3，努塞尔数\ Nu=\frac{\alpha l}{\lambda}。$$

由 Excel 计算得到数据如表 5 和表 6 所示。

表 5　实验数据处理表（四）

给热系数 α/[W·(m^2·℃)$^{-1}$]	努塞尔数 $Nu=\dfrac{\alpha l}{\lambda}$	给热系数 α/[W·(m^2·℃)$^{-1}$]	努塞尔数 $Nu=\dfrac{\alpha l}{\lambda}$
94.53	54.08	28.43	16.04
73.52	41.798	21.71	12.23
59.42	33.68	16.45	9.26
45.94	25.98	12.38	6.97
36.27	20.488	8.82	4.97

表 6　实验数据处理表（五）

α/[(m^2·℃)$^{-1}$]	$Nu=\dfrac{\alpha l}{\lambda}$	普朗特数	$\ln\dfrac{Nu}{Pr^{0.4}}$	雷诺数	lgRe
94.53	54.08	0.696 5	4.135 1	18 347.4	9.817 2
73.52	41.798	0.696 0	3.877 7	13 112.6	9.481 3
59.42	33.68	0.695 8	3.661 9	9 806.9	9.190 8
45.94	25.98	0.695 6	3.402 5	7 167.5	8.877 3
36.27	20.488	0.695 5	3.164 7	5 297.3	8.575 0
28.43	16.04	0.695 4	2.920 1	3 933.3	8.276 9
21.71	12.23	0.695 4	2.649 4	2 943.3	7.987 3
16.45	9.26	0.695 3	2.371 4	2 144.3	7.670 6

$\alpha/[(\text{m}^2 \cdot ℃)^{-1}]$	$Nu = \dfrac{\alpha l}{\lambda}$	普朗特数	$\ln \dfrac{Nu}{Pr^{0.4}}$	雷诺数	$\lg Re$
12.38	6.97	0.695 4	2.087 4	1 655.1	7.411 6
8.82	4.97	0.695 3	1.747 9	1 164.4	7.056 0

以 $\ln \dfrac{Nu}{Pr^{0.4}}$ 为纵坐标,以 $\ln Re$ 为横坐标,作图,如图 3 所示。

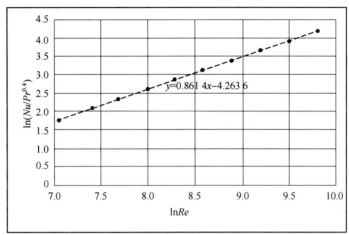

图 3 实验数据拟合曲线

由图可得:$m = 0.861\ 4$,$\ln A = -4.263\ 6$,所以 $A = 0.018$。所得关系图如图 4 所示。

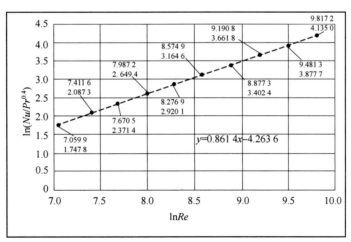

图 4 实验所得 $\ln(Nu/Pr^{0.4}) \sim \ln Re$ 曲线

则计算出:$m = 0.861\ 4$,$A = 0.018$,因此:$Nu = 0.018 Re^{0.861\ 4} Pr^{0.4}$。

与经验公式 $Nu/Pr^{0.4} = 0.023 Re^{0.8}$ 比较,相差较大。

五、结果与讨论(50 分)

计算出的 A 值和 m 值与经验公式相差较大,可能存在的问题如下:

本实验中,采用了近似法。将对流给热系数 α 近似地看作与总传热系数 K 相等,这一近似在换热管内外侧的污垢热阻较小时是成立的。但是,由于装置的使用时间较长,不可避免地在管内壁附着了一层污垢,当污垢积累较多时,此项热阻便不能忽略了,因此对实验数据的处理存在一定的影响。

上述经验公式只适用于雷诺数 $Re > 10\,000$,$Pr = 0.6 \sim 160$;在本次实验中,只有第 1 组和第 2 组数据满足公式的使用条件,而其他数据中雷诺数从 1 164 变化到 9 806,范围较广,并且在此范围内适用于另外两个经验公式。因此,与此经验公式相比相差较大。

在测第 1 组数据时,可能等待时间不足,系统未达到稳态,得到的数据存在一定的误差。

在测量之前冷凝水阀门开度过小,在测量过程中冷凝水积累较多,对实验的测量有一定影响。因此,我们稍微调节了一下排净阀。但是,在调节排净阀后面板上的各个数据出现了一定的波动。尤其是系统压力减小幅度较大。所以,我认为在操作过程中,不应该调节排净阀。因为调节阀门后,热蒸汽在装置内交换的量会发生变化,本实验应该控制变量,使与冷流体交换的蒸汽的量保持不变。排净阀阀门开度的改变对实验测量引入了一定的误差。

在实验过程中,当空气流量改变时,其他各项参数如空气的出口温度也会发生改变。而且要经过一段时间后各项参数才能稳定,但是我们在记录数据时,数据始终在上下波动,未等实验数据完全稳定,便记录了数据,从而对实验引入了一定的误差。

本仪表控制面板上显示的数据,只能精确到小数点后一位数,而另外一台机器数据能精确到小数点后两位数,有效数字太小,对本实验引入一定的误差。

思 考 题

(1)在计算空气质量流量时所用到的密度值与求雷诺数时的密度值是否一致?它们分别表示什么位置的密度,应在什么条件下进行计算?

答:计算空气质量流量时所用到的密度值与求雷诺数时的密度值不一致,前者的密度为空气入口温度下的密度,后者是空气在定性温度(平均温度)下的密度。

(2)实验中冷流体和蒸汽的流向,对传热效果有何影响?

答:实验中冷流体和蒸汽的流向,对传热效果没有影响。

(3)实验过程中,冷凝水不及时排走,会产生什么影响?如何及时排走冷凝水?

答:冷凝水若不及时排走,附着在管壁上,增加了一项热阻,从而导致传热速率降低。因此我们应该在外管最低处设置排水口,及时排走冷凝水。

(4)如果采用不同压强的蒸汽进行实验,对 α 关联式有何影响?

答:在不同压强下测得的数据,不会对 α 关联式产生影响。因为 α 关联式是基于无因次准数拟合得到的。

六、参考文献(5 分)

谭天恩,窦梅,等. 化工原理 [M]. 4 版. 北京:化学工业出版社,2013.

参 考 文 献

[1] 雷良恒，潘国昌，郭庆丰. 化工原理实验 [M]. 北京：清华大学出版社，1994.

[2] 伍钦，邹华生，高桂田. 化工原理实验 [M]. 广州：华南理工大学出版社，2001.

[3] 王建成，卢燕，陈振. 化工原理实验 [M]. 上海：华东理工大学出版社，2007.

[4] 徐伟，刘书银，鞠彩霞，等. 化工原理实验 [M]. 济南：山东大学出版社，2008.

[5] 姚克俭，姬登祥，许轶，等. 化工原理实验立体教材 [M]. 杭州：浙江大学出版社，2009.

[6] 赵亚娟，张伟禄，余卫芳. 化工原理实验 [M]. 北京：中国科学技术出版社，2009.

[7] 谭天恩，窦梅，等. 化工原理 [M]. 4 版. 北京：化学工业出版社，2013.

[8] 陈敏恒，丛德滋，方图南，等. 化工原理 [M]. 4 版. 北京：化学工业出版社，2015.